あたらしい 事例で学ぶ！
データサイエンスの
教科書

岩崎 学　著

本書内容に関するお問い合わせについて

このたびは翔泳社の書籍をお買い上げいただき、誠にありがとうございます。
弊社では、読者の皆様からのお問い合わせに適切に対応させていただくため、以下のガイドラインへのご協力をお願いいたしております。
下記項目をお読みいただき、手順に従ってお問い合わせください。

ご質問される前に

弊社Webサイトの「正誤表」をご参照ください。これまでに判明した正誤や追加情報を掲載しています。

正誤表　https://www.shoeisha.co.jp/book/errata/

ご質問方法

弊社 Web サイトの「刊行物Q&A」をご利用ください。

刊行物 Q&A　https://www.shoeisha.co.jp/book/qa/

インターネットをご利用でない場合は、FAXまたは郵便にて、下記翔泳社愛読者サービスセンターまでお問い合わせください。電話でのご質問は、お受けしておりません。

回答について

回答は、ご質問いただいた手段によってご返事申し上げます。ご質問の内容によっては、回答に数日ないしはそれ以上の期間を要する場合があります。

ご質問に際してのご注意

本書の対象を越えるもの、記述個所を特定されないもの、また読者固有の環境に起因するご質問等にはお答えできませんので、予めご了承ください。

郵便物送付先およびFAX番号

送付先住所　〒160-0006　東京都新宿区舟町5
FAX 番号　　03-5362-3818
宛先　　　　㈱翔泳社 愛読者サービスセンター

※本書に記載されたURL等は予告なく変更される場合があります。
※本書の出版にあたっては正確な記述につとめましたが、著者や出版社などのいずれも、本書の内容に対して何らかの保証をするものではなく、内容やサンプルに基づくいかなる運用結果に関してもいっさいの責任を負いません。
※本書に掲載されているサンプルプログラムやスクリプト、および実行結果を記した画面イメージなどは、特定の設定に基づいた環境にて再現される一例です。
※本書に記載されている会社名、製品名はそれぞれ各社の商標および登録商標です。
※本書の内容は、2019年11月時点のものです。

PREFACE はじめに

　データサイエンスへの社会の期待が高まりを見せています。データサイエンスには様々な側面がありますが、本書ではそれを

データサイエンス＝（統計学＋情報科学）×社会展開

と捉え、社会展開を意識しつつ、特に統計学の立場からアプローチしています。したがって、本書は統計手法に関する話題が中心となっています。

　本書の想定する読者は、データサイエンスに興味を持つ大学あるいは大学院の学生、および実際にデータサイエンスの業務に携わっていて分析手法に関してさらに知識を得たいと願う社会人です。データサイエンスは文理融合の学問であり、どちらかといえば理系の読者を想定していますが、文系の読者への配慮も施してあります。

　本書の構成はユニークです。確率の基礎から統計的推論への理論展開とそれに付随した例題と演習問題という通常の統計学の教科書、あるいはソフトウエアの使い方を述べて例題に適用するというハウツー本とは異なり、データサイエンティストが実際に遭遇するであろう様々な応用分野での問題解決・課題解決を前面に押し出した内容となっています。そのため各章では、まず筆者の遭遇した実際の問題を提示し、それに対する一つの解決法を述べた後で、その背後にある統計理論や考え方を解説する、という流れとなっています。

　第1章では、データサイエンスとは何かを包括的に述べ、続く第2章ではデータ分析の基礎となるデータの要約およびグラフ化について述べています。したがって、これらをまず読むことをお勧めします。第3章以降は、章ごとに各応用分野でのトピックスを扱っているので、順番にではなく読者の興味に応じて適宜選択して読むことができます。各章には独立性を持たせているので、できるだけ他の章を参照しなくても読めるようにしています。

　本書のレベルは、初級から中級程度です。大学初年級の統計学の基礎事項は解説していますが、それにとどまることなく、問題解決に必要な中級あるいはそれ以上の内容の統計手法についても紹介し、簡単な解説を加えています。紙面の都合上詳細には述べていないため、それらの手法に興味を持たれた方は、その手法に特化した専門書に進んでください。

　本書により、データサイエンスの世界への若い人の参入を大いに期待します。

岩崎 学

CONTENTS

はじめに ……………………………………………………………………………… iii

第1章 データサイエンスとは　　001

第1章の内容 ……………………………………………………………………… 002

1.1 これまでの統計的データ解析の流れ …………………………………… 003
　1.1.1 これまでのデータ解析の手順 …………………………………… 003
1.2 データサイエンスの特徴 ………………………………………………… 007
　1.2.1 統計的データ解析の現状と変化の方向 ……………………… 007

第2章 アンケート調査結果から何を読み取るか　　011

第2章の内容 ……………………………………………………………………… 012

2.1 データの要約統計量の導出とグラフ化 ……………………………… 013
　2.1.1 棒グラフとヒストグラムの基本 ……………………………… 013
2.2 1変量データの要約とグラフ化 ………………………………………… 015
　2.2.1 モーメントに基づく統計量 …………………………………… 015
　2.2.2 5数要約と箱ひげ図 …………………………………………… 018
　2.2.3 標準偏差と尖度 ………………………………………………… 019
　2.2.4 変数変換 ………………………………………………………… 022
2.3 2変量データの要約とグラフ化 ………………………………………… 024
　2.3.1 連続データ ……………………………………………………… 024
　2.3.2 カテゴリカルデータ …………………………………………… 026
2.4 統計手法の概説（統計的推測の基礎） ……………………………… 031
　2.4.1 標本から母集団への一般化可能性 …………………………… 031
　2.4.2 標本分布 ………………………………………………………… 032
　2.4.3 統計的推測（点推定と区間推定） …………………………… 034

第3章 オープンデータから何がわかるか、何がいえるか　037

第3章の内容 ……………………………………………………………………… 038

3.1 データの素性と分析結果の解釈 ………………………………………… 039

　3.1.1 ネットの記事とオープンデータの実際の例 ………………………… 039

　3.1.2 オープンデータの例 …………………………………………………… 041

　3.1.3 本章での表記について ………………………………………………… 043

3.2 集計データ分析のための論点 …………………………………………… 044

　3.2.1 変量間の関係 …………………………………………………………… 044

　3.2.2 個人レベルと集団レベルの関係 ……………………………………… 046

　3.2.3 比率のデータ …………………………………………………………… 050

3.3 問題の定式化とパラメータの推定 ……………………………………… 053

　3.3.1 選挙の投票率の例 ……………………………………………………… 053

　3.3.2 教員と生徒の英語力の例 ……………………………………………… 055

3.4 統計手法の概説（単回帰分析とエコロジカル・インファレンス） ……… 057

　3.4.1 単回帰分析 ……………………………………………………………… 057

　3.4.2 エコロジカル・インファレンスの一手法 …………………………… 057

第4章 Webコンテンツの更新は売上高に効果があるか　061

第4章の内容 ……………………………………………………………………… 062

4.1 データの吟味と分析の目的 ……………………………………………… 063

　4.1.1 本章で扱うデータについて …………………………………………… 063

　4.1.2 データの予備的な検討 ………………………………………………… 064

　4.1.3 分析の目的 ……………………………………………………………… 066

4.2 データ分析の基本的事項 ………………………………………………… 067

　4.2.1 変量間の関係 …………………………………………………………… 067

　4.2.2 相関関係 ………………………………………………………………… 068

4.2.3 回帰関係 ·· 070

4.2.4 因果関係 ·· 072

4.3 データの分析と解釈 ······································· 075

4.3.1 Excelを使った出力結果の見方 ····················· 075

4.3.2 変量間の関係の吟味 ································· 078

4.3.3 モデル選択 ·· 080

4.4 統計手法の概要（重回帰分析） ··························· 084

4.4.1 重回帰分析のモデル ································· 084

4.4.2 ベクトルと行列表示 ································· 086

4.4.3 説明変数の選択 ····································· 089

第5章 ダイエットは効果があったのか　093

第5章の内容 ·· 094

5.1 データの集計および単純な解析 ··························· 095

5.1.1 データの集計とグラフ化 ···························· 095

5.1.2 統計的検定の結果 ··································· 096

5.1.3 新たな問題 ··· 098

5.2 処置前後データ解析の論点 ······························· 099

5.2.1 効果の判断尺度 ····································· 099

5.2.2 スクリーニング ······································ 100

5.2.3 平均への回帰 ·· 101

5.2.4 スクリーニングによる平均への回帰の影響 ········· 103

5.3 スクリーニング下での統計的推測 ························· 108

5.3.1 統計的推測のためのモデル ························· 108

5.3.2 パラメータの推定方法 ······························ 109

5.3.3 結果の解釈 ·· 110

5.4 統計手法の概説（統計的検定） ··························· 112

5.4.1 検定の枠組み ·· 112

5.4.2 対応の有無と検定 ··································· 113

5.4.3 対応の有無での比較 ································· 115

5.4.4 回帰分析 ··· 116

第6章 テストの結果について部分と全体を融合する 119

第6章の内容 120

6.1 階層的なデータ構造 122
  6.1.1 階層構造を持つデータ 122
  6.1.2 入れ子状の構造と非入れ子状の構造 123
6.2 マルチレベルモデルとマルチレベル分析 125
  6.2.1 complete pooling と no pooling 125
  6.2.2 切片変動モデル 128
  6.2.3 切片および傾き変動モデル 132
6.3 計算例とその解釈 134
  6.3.1 第2層のみの結果 134
  6.3.2 complete pooling と no pooling での推定 135
  6.3.3 マルチレベルモデルでの推定 137
  6.3.4 データの分解とモデル 139
6.4 統計手法の概説（階層データのモデル） 141
  6.4.1 正規分布 141
  6.4.2 二項分布 142

第7章 寿命をいかに測り分析するか 147

第7章の内容 148

7.1 寿命データの特徴 149
  7.1.1 打ち切りを含むデータから平均寿命求めるには 149
  7.1.2 寿命データ解析とは 150
  7.1.3 記号の定義 151
  7.1.4 指数分布 154
7.2 打ち切りとトランケーションの下での推定 157
  7.2.1 2種類の打ち切りとトランケーション 157
  7.2.2 指数分布における打ち切りとトランケーション 160

7.3 推定値の計算法 ·· 164

  7.3.1 ＥＭアルゴリズム ·· 164

  7.3.2 トランケーションの下での反復計算法 ························· 165

7.4 統計手法の概説（寿命データの解析）······························· 168

  7.4.1 指数分布に関する統計的推測（全データ）················ 168

  7.4.2 指数分布に関する統計的推測（時間打ち切り）········· 171

  7.4.3 指数分布に関する統計的推測（個数打ち切り）········· 173

第8章 おいしいカフェオレを作りたい 177

第8章の内容 ··· 178

8.1 測定の精度の計算 ··· 180

  8.1.1 測定に関するモデル（棒が2本の場合）··················· 180

  8.1.2 測定に関するモデル（棒が4本の場合）··················· 181

8.2 おいしいカフェオレを作る ··· 183

  8.2.1 実験条件の設定とデータの取得 ································· 183

  8.2.2 データの分析 ··· 185

  8.2.3 結果の解釈 ··· 188

8.3 実験計画法とデータの分析法の基本 ··································· 189

  8.3.1 完全実施要因計画とその一部実施 ························· 189

  8.3.2 主効果 ··· 190

  8.3.3 交互作用 ··· 191

  8.3.4 効果の推定 ··· 193

  8.3.5 一部実施計画と交絡 ··· 196

8.4 統計手法の概説（計画の直交性と直交表）····················· 199

  8.4.1 計画の直交性 ··· 199

  8.4.2 定義対比と交絡 ··· 201

  8.4.3 直交表の利用 ··· 202

第9章 あるべきデータがない 205

第9章の内容 206

9.1 欠測値への対処法とその性質 208
9.1.1 CC解析とAC解析 208
9.1.2 Excelなどの統計解析ソフトウエアを使う場合の問題点 209
9.1.3 平均値代入と回帰代入 210

9.2 欠測データの統計処理の基本 214
9.2.1 欠測のパターン 214
9.2.2 欠測メカニズム 216
9.2.3 欠測の理由とデータに与える影響 219

9.3 欠測への対処法とその結果 220
9.3.1 欠測への3種類の対処法 220
9.3.2 1変量データでの対処法 221
9.3.3 2変量データでの対処法 223
9.3.4 多変量データでの対処法 226
9.3.5 重回帰分析 227
9.3.6 経時測定データとLOCF 230

9.4 統計手法の概説（欠測のモデルと多重代入法） 232
9.4.1 MNARの下での欠測のモデル 232
9.4.2 多重代入法 235

第10章 機械学習のエッセンス 239

第10章の内容 240

10.1 データ分析のおさらい 241
10.1.1 データの取得法と近年の傾向 241
10.1.2 データ分析のフェーズと各変量間の関係 241
10.1.3 機械学習でデータ分析する際の注意点 242

10.2 機械学習手法の分類 243

  10.2.1 教師あり学習とその特徴 243

  10.2.2 教師なし学習とその特徴 246

  10.2.3 ニューラルネットワークと深層学習 250

10.3 パフォーマンスの評価 252

  10.3.1 機械学習の予測の評価基準 252

  10.3.2 偏りと分散のトレードオフ 253

索引 256

著者プロフィール 261

注意

本書では、Excelをはじめとした各種分析ツールの分析結果を掲載していますが、分析ツールそのものの操作方法（Excelの関数の使い方を含む）については本書の範囲を超えるため、割愛しています。予めご了承ください。

データサイエンスとは

第1章の内容

データサイエンスとは何でしょうか。

その解答は十分に確立しているとはいえませんし、個人ごと組織ごとに違った答えを持っているかもしれません。しかし大まかには、

データサイエンス ＝（統計学＋情報科学）×社会展開

といえるのではないでしょうか。データを扱う学問である統計学に加え、実際にデータを処理するための情報科学をその基盤とし、様々な社会課題の解決への展開につなげるのがその使命です。

本書では、社会展開を念頭に置いた上で、主として統計学の視点からデータサイエンスについての様々な側面を取り上げて論じます。

本章ではプロローグとして、これまでの統計的データ解析について概観したのち、それが現在のデータサイエンスではどのように変貌しつつあるかを見ていきます。

1.1 これまでの統計的データ解析の流れ

まず、本節でこれまでのデータ解析の流れを確認し、それを元にして次の 1.2 で現在のデータサイエンスの特徴について論じます。

1.1.1 これまでのデータ解析の手順

これまでのデータ解析の一連の手順を 図1 にまとめます。

(1) 研究目的の設定

(2) データ収集法の立案：実験、観察研究、調査

(3) データの収集（モニタリング）

(4) データの電子化

(5) データのチェック（クリーニング）、マージ

(6) データの集計とグラフ化（予備的検討）：記述統計

(7) 統計的推測ないしは予測：推測統計

(8) 分析結果のプレゼンテーション：文書化、口頭発表

(9) 意思決定（終了もしくは最初に戻る）

図1 統計的データ解析の流れ

図1 について、若干の説明を以下に加えます。

● （1）研究目的の設定

極めて当然ですが、**まずは研究目的が明確に認識されている必要があります。**単なる現状把握なのか、近未来の予測なのか、あるいは人為的な介入による変化をもたらすための方策を提供するのか。目的に応じてデータの取り方は変わってきますし、分析の方法論および結果の提示の仕方も影響を受けます。

● （2）データ収集法の立案：実験、観察研究、調査

研究目的が認識されたら、それを実現するためのデータ取得の計画を立てる必要があります。データの取得にはコストがかかりますから、研究目的を確実に実行できることを前提に、なるべく効率的なデータの取得法を工夫しなければなりません。

統計学はこれまで、データ取得法の方法論を発展させてきました。研究目的が調査であれば「標本調査法」が、処置効果の立証などであれば「実験計画法」がデータ取得の方法論を与えてくれます。大学における統計学の授業では近年、これらの内容が講義されることが少なくなってきていますが、

"garbage in, garbage out"

の言葉があるように、データの質が悪ければ、よい分析結果は望むべくもありません。**統計的データ解析で最も重要なものはデータを集める方法論である**とは、統計学の大御所のご託宣です。

● （3）データの収集（モニタリング）

よいデータを得ることがデータ分析のイロハのイですが、黙っていてはよいデータは得ることはできません。ここにある程度のコストをかけなくてはなりません。

例えば新薬開発の臨床試験では、各製薬メーカーはモニターという職種の部隊を抱えていて、かなりの人数の人たちがよいデータを取るための業

務に携わっています。これはどの分野でも同様で、**よいデータを取るための方策なくして質のよいデータは決して得られない**と知るべきです。

◉（4）データの電子化

現在では、データ分析を紙と鉛筆および電卓で行う人はいません。データは必ずコンピュータに入力した上で分析にかける必要があります。

しかし以前には、データは調査票やアンケート用紙などの紙媒体で提供されるのが一般的でしたので、それを電子化する必要がありました。現在ではほぼ死語となったキーパンチャーのようなデータ入力の専門家もいました。

現在でもデータ入力は極めて重要な仕事で、その後の分析を見据えた上でのデータの準備が必要です。

◉（5）データのチェック（クリーニング）、マージ

データは、多くの場合というよりほとんどすべての場合、そのままでは分析にかけることはできません。分析のための整形が必要ですし、データの欠損や異常値の存在など多くの問題を解決せねばなりません。 また、分析が1つのデータセットのみで完結することは稀で、複数のデータセットの結合（マージ）が必要となります。その際には、データのマッチングを含めた地道な作業が必要となります。

実際にデータ分析を行うとすぐにわかりますが、ここの部分でのエネルギーの消費はかなりの量に上ります。人によってはデータ分析の7〜8割の労力がこの段階でかかるといわれることもありますが、これは決して誇張ではありません。

◉（6）データの集計とグラフ化（予備的検討）：記述統計

本格的な分析の前に、データの全体像を把握しておく必要があります。ここで有用な方法論が、いわゆる**記述統計的手法**です。データは多くの場合数字の羅列ですので、それを見やすくするためのデータの集計は欠かせません。また、データのグラフ表示による視覚化も重要な手立てです。この段階だけで、分析の目的が達成されることも多くあるでしょう。

●（7）統計的推測ないしは予測：推測統計

　統計的な推定や検定などのいわゆる**推測統計的手法**は、データの素性を的確に捉え、近未来の予測や新しい知見を得るために必要となります。

　大学などにおける統計学の授業ではここの部分が主として講義されます。数学的な扱いが主となり、難解な数式展開などが含まれたりしますので、とっつきづらい面は否めませんが、**統計手法の数理的な側面の理解はデータの分析によって妥当な結論を導くために必要不可欠です。**

●（8）分析結果のプレゼンテーション：文書化、口頭発表

　データを分析したらその結果を何らかの形で示さなくてはなりません。文書化および口頭での発表が必要となります。その際に重要なのは、分析結果を過不足なく客観的に伝える姿勢です。データの持つ情報を十分に捉えきれないのでは分析者として失格ですし、逆に結果をことさらに誇張するのも慎まなくてはなりません。データ分析の結果はその後にデータで証明されます。

　例えば新薬の開発で薬の効果をことさらに強調し過ぎても、その薬が実際に患者さんに投与されれば、その有効性はデータとして返ってきます。新商品に関するアンケート調査の結果を誇大に強調しても、実際にそれを販売すれば売上高がその成否を証明してくれます。

●（9）意思決定（終了もしくは最初に戻る）

　データの分析結果は、それを得ることだけが目的であることはないでしょう。それに基づいた何らかの意思決定がなされなくてはなりません。もし意思決定に至らないのであれば、さらにデータを取り直すなどの算段が必要となり、このリストの最初に戻ります。

1.2 データサイエンスの特徴

ここでは、統計的データ解析の流れがどのように変化してきているのか、あるいは変わってはいけないものは何であるのかを議論します。

1.2.1 統計的データ解析の現状と変化の方向

1.1 の統計的データ解析の流れは、いかにコンピュータが発達し人工知能（AI）がもてはやされようとも、また統計学がデータサイエンスに取って代わられようとしても陳腐化するものではなく、やはり押さえておかなければいけない真理を含んでいます。

普遍的な価値を持つ原則を押さえることにより、そこからの乖離の程度を測りながら現代の複雑なデータの分析を行う必要があります。以下では、前節で提示した統計的データ解析の流れが現状どのように変化しつつあるかを見ていきます。

●（1）研究目的

世の中にはデータがあふれています。そのままにしておいたのでは宝の持ち腐れ、何とかしなければというのは誰もが思うことです。しかし、**目的がなくては何のしようもありません。初めは目的が不明確であったとしても、最終的なゴールを早く見つけ出さなくてはなりません。**

特にデータの量が膨大になり、その質もまちまちである現在、データのハンドリングには思ったより長い時間がかかるようにもなっています。**分析のツールやシステムを導入すればすべてが解決する、というのは全くの幻想です。目的があいまいなままいたずらに時間を浪費する愚を犯してはなりません。**

●（2）データ収集法の立案

データは、それを集める時代から、集まっているあるいは集まってくる

時代へと変わってきました。特に各種センサーの発達により日々刻々と
データが自動的に蓄積され、SNSのように我々一人ひとりがデータの入力
源となって、せっせとデータを蓄積しつつあります。それに伴い**昨今、
データを集める方法論がおろそかになっているという危惧があります。ど
のようなデータ収集法が理想であるのかの知識を持った上で、現在ある
データがいかにして取られたのか、それは理想的な収集法に比べどこに不
備があるのかを認識することが重要です。**

●（3）データの収集

データが自動的に集まってくる昨今ですが、どのようにして収集がなさ
れているのかのモニタリングはやはり重要です。**データの背景に関する知
識は、適切なデータの分析法の選択と実行のために必要不可欠です。**

●（4）データの電子化

数値に限らず、昨今ではテキスト、画像、音声そして動画などが電子化
され、電子データとして入手が可能になっています。コンピュータの記憶
媒体の大容量化と通信速度の飛躍的向上がそれを後押ししています。以前
の、データが紙で提供されていた時代とは様変わりしました。情報科学の
技術革新の賜物といえるでしょう。

●（5）データのチェック

この段階は、現在でもやはり手間暇がかかります。人手で行うにはデー
タの量が膨大過ぎるからでしょう。ここをいかに自動化し人手を煩わさな
いようにできるかが、迅速なデータ分析のポイントです。異常値の検出や
データの欠損への対応などの自動化は、データの分析の一連の流れを加速
させる上で極めて有効な手段となります。さらなる研究が待たれる分野で
す。

●（6）データの集計とグラフ化

この段階のテクノロジーの進展には目を見張るものがあります。超大量
のデータの迅速な集計、美しい動画を交えた洗練されたデータの可視化な
どを実現化する様々なツールが提供されています。最近のデータは大量で

あるが故にその大まかな特徴を的確に捉える必要があり、そのためにはこの種の可視化ツールは大いに有用です。この段階で必要にして十分な情報が得られることも多いでしょう。また、その後の分析法の選択にも示唆を与えてくれます。

しかし注意すべきは、きれいなグラフィックスが得られただけで満足してしまいかねないことです。**だからどうした、結局どうなるの、といった疑問に的確に答えるためには、やはり「次の段階」が必要でしょう。**

◉（7）統計的推測ないしは予測

ビッグデータの扱いなどでは、推測統計の精細な議論は必要でないかもしれません。しかし推測統計の元となる、「現象をモデル化してデータの分布の関数形を定め、そこに含まれる未知パラメータをデータから推定した上でその推定値の精度の情報も提供する」という考え方や哲学は、やはり必要不可欠といわざるを得ません。

しかし予測に関しては、深層学習（ディープラーニング）に代表される機械学習の諸手法が、これまでの古典的な統計学のいわば型にはまった統計手法の限界を超え、極めて柔軟なモデルに基づいた、精度のよい予測値を与えることができるようになりました。予測の方法は面目を一新したといっても過言ではありません。

とはいえ、その予測方法は中身がブラックボックス化していて、なぜ予測が当たるのかについての知見をもたらしてくれない、という課題があります。単なる予測を超え、当該現象における因果関係の確立による人間の介入法にまで到達できるかがカギとなります。

◉（8）分析結果のプレゼンテーション

プレゼンテーションツールも非常な進化を遂げつつあります。これまでの単なる数表やごく簡単なグラフだけでなく、目を見張るようなビジュアルによるダイナミックなプレゼンテーションが現実のものとなっています。しかしそれらに幻惑されてはならず、やはり中身が重要です。

もちろん、中身の充実があった上での説得力のあるプレゼンテーションツールの適用は、望ましいものでしょう。

●（9）意思決定

　データ分析の結果は、意思決定の役に立たなければ何の意味もありません。そのことを肝に銘じて新時代のデータ解析を行う必要があります。

CHAPTER

2

アンケート調査結果から
何を読み取るか
〜データの要約とグラフ化〜

第2章の内容

アンケート調査では、その結果の提示に回答スコアの平均がよく用いられます。例として、あるテレビ番組の好き嫌いを「大いに評価する（5点）」から「全く評価しない（1点）」までの5点法で評価した結果を示します。

図1 (a) は回答者それぞれにアンケート用紙を配付してその場で記入してもらった対面調査、図1 (b) はインターネット調査での結果です（サンプルサイズはそれぞれ100）。(a) (b) 共に平均は3.3点ですが、回答結果の分布は全く違っている様子が見て取れます。対面調査では平均に近いスコア3の人数が最も多くなっていますが、インターネット調査では3点の人はほとんどいません。対面式調査およびネット調査の特徴がよく表れているといえるでしょう。

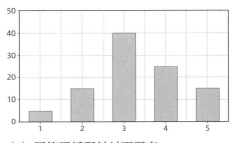

(a) 回答用紙配付対面調査

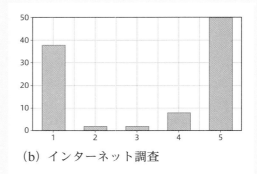

(b) インターネット調査

図1 アンケート調査結果

この例でわかるように、平均だけではデータの持つ情報を的確に表しているとはいえません。本章では、データのまとめ方や表示の仕方を学びます。

2.1 データの要約統計量の導出とグラフ化

データが得られたら、図1 のようにグラフ化するのがデータ分析の第一歩です。本節では、棒グラフとヒストグラムおよび要約統計量について説明します。

2.1.1 棒グラフとヒストグラムの基本

図1 のグラフは棒グラフといいます。**棒グラフ**は各カテゴリー（ここでは1から5までの整数値）の度数（観測値の個数）を棒の高さで表したものです。

データが時間や長さのような連続値の場合には、**ヒストグラム**で表します。図2 は、ある大学の授業の履修者64名に平日1日当たりの自宅での学修時間を聞いた結果を示したものです。

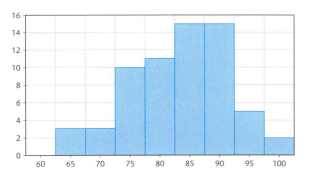

図2 学修時間データのヒストグラム

ヒストグラムは連続データを図示したものですから、棒と棒の間に空白を設けてはなりません。ヒストグラムは、横軸の区間内の相対度数を長方形の面積で表したものです。横軸の区間が等間隔であれば面積は高さに比例しますので、高さで相対度数を表すとしても間違いではありませんが、区間が不等間隔の場合には、高さではなく面積で相対度数を表すことに注意しなくてはなりません。

データのグラフ化は得られた観測値の分布を示す最も有力な手段ですが、分布の特徴を数値で表すのも、異なるデータセットの比較などでは有効です。データから計算した数値を一般に**統計量**といいます。

　図1 および 図2 で表したデータについて、Microsoft社のExcelに搭載されている「分析ツール」の「基本統計量」を用いて各種統計量を出力させると、表1 のようになります。データとソフトウエアさえあればこの出力を得るのは容易ですが、数値の解釈は必ずしも容易であるとはいえません。これらを読み取る力が必要です。

表1 データの要約統計量（Excelによる出力）

(a) アンケート調査

統計量	対面調査	ネット調査
平均	3.3	3.3
標準誤差	0.106	0.189
中央値（メジアン）	3	4.5
最頻値（モード）	3	5
標準偏差	1.06	1.89
分散	1.12	3.57
尖度（せんど）	-0.41	-1.84
歪度（わいど）	-0.11	-0.33
範囲	4	4
最小	1	1
最大	5	5
合計	330	330
データの個数	100	100
信頼度（95.0%）	0.21	0.37

(b) 学生の学修時間

統計量	分
平均	81.06
標準誤差	1.05
中央値（メジアン）	82
最頻値（モード）	88
標準偏差	8.36
分散	69.96
尖度	-0.27
歪度	-0.32
範囲	37
最小	61
最大	98
合計	5188
データの個数	64
信頼度（95.0%）	2.09

2.2 1変量データの要約とグラフ化

ここでは、 表1 のExcelの出力のうち、「標準誤差」と「信頼度（95%）」以外の統計量の定義を確認し、それらの性質を吟味します。上記2つは**2.4**で議論します。

2.2.1 モーメントに基づく統計量

ある母集団（全体の集団）から全部でn個の観測値$x_1, \ldots, x_n$を得たとします。このとき、基本となる統計量とその定義およびExcelの組込関数は 表2 のようです。これらはデータのべき乗に基づく統計量で、**モーメント**に基づく統計量ともいいます。

表2 モーメントに基づく統計量

統計量	定義式	Excel関数
平均（average）	$\bar{x} = \dfrac{1}{n}\sum_{i=1}^{n} x_i$	AVERAGE
分散（variance）	$s^2 = \dfrac{1}{n-1}\sum_{i=1}^{n}(x_i - \bar{x})^2$	VAR
標準偏差（standard deviation）	$s = \sqrt{s^2}$	STDEV
歪度（skewness）	$\beta_1 = \dfrac{1}{n-1}\sum_{i=1}^{n}\left(\dfrac{x_i - \bar{x}}{s}\right)^3$	SKEW
尖度（kurtosis）	$\beta_2 = \dfrac{1}{n-1}\sum_{i=1}^{n}\left(\dfrac{x_i - \bar{x}}{s}\right)^4 - 3$	KURT

データから計算した平均は、母集団全体の平均（母平均）と区別するために標本平均ともいいます。同様の理由で分散を母分散と標本分散というように使い分けたりしますが、特に混乱の恐れがなければ「標本」という語を省いて表現します。なお歪度と尖度は、Excelの組込関数で求めた計算式における除数が$n-1$ではないため、 表2 の定義式から計算した値と

は少し異なります。

各定義式での $x_i - \overline{x}$ $(i = 1, \ldots, n)$ を、各観測値の標本平均からの**偏差**といいます。**データのばらつきが大きいほど偏差の絶対値は大きくなります。**ですから、データのばらつきの大きさの尺度として、これらの平均を取ることが考えられますが、単に和を取ると常に、

$$\frac{1}{n} \sum_{i=1}^{n} (x_i - \overline{x}) = \frac{1}{n} \sum_{i=1}^{n} x_i - \overline{x} = 0$$

となってしまいます。偏差の符号のプラスマイナスが相殺するためです。そこで偏差の2乗の和を取ったのが**分散**です。除数を $n-1$ とする理由は後述します。

データのばらつきが大きいと分散の値は大きくなるので、分散はデータのばらつきの大きさを表す尺度といえます。しかし、データの測定単位を考えると、データの測定単位が身長のようにcmであれば、平均は測定単位と同じcmですが、分散はその2乗のcm^{2}という単位を持ちます。ところが、分散の平方根を取った標準偏差は元の測定単位と同じ単位を持つことになり、議論を進める上で都合がいいので、通常はデータのばらつきの尺度として**標準偏差**を用います。**例えば「平均±標準偏差」は意味を持ちますが、「平均±分散」は単位が違うので、意味を持ちません。**

各偏差を標準偏差で割った、

$$z_i = \frac{x_i - \overline{x}}{s} \ (i = 1, \ldots, n) \tag{1}$$

を**標準化偏差**あるいは**基準化偏差**といいます。z_i は単位を持たない無名数となり、

$$\sum_{i=1}^{n} z_i = 0 \quad \text{および} \quad \frac{1}{n-1} \sum_{i=1}^{n} z_i^2 = 1$$

が成り立つことからその名があります。歪度および尖度は標準化偏差の3乗および4乗で定義され、いずれも無名数です。これらは分布の形状を表す尺度で、分布が平均を中心に左右対称の場合には歪度は0になり、分布の

右裾が長い場合はプラスの値、左裾が長い場合はマイナスの値を取ります。

「ばらつきの尺度としては標準偏差のほうが分散よりも適切」としましたが、分散には極めて有用な性質があります。それは次に示す等式、

$$\sum_{i=1}^{n}(x_i - \mu)^2 = \sum_{i=1}^{n}(x_i - \overline{x})^2 + n(\overline{x} - \mu)^2 \tag{2}$$

に基づくものです（時間のある方は証明に挑戦してみてください）。μ を母平均とすると、等式（2）は「母平均 μ からの偏差平方和は、標本平均 $\overline{x}$ からの偏差平方和と標本平均と母平均との差の2乗の n 倍の和に等しい」となります。等式（2）から、いくつかの事柄が導かれます。

第一に、$\overline{x} \neq \mu$ であれば、

$$\sum_{i=1}^{n}(x_i - \mu)^2 > \sum_{i=1}^{n}(x_i - \overline{x})^2 \tag{3}$$

となることです。もし母平均 μ が既知であれば、分散は母平均からの n 個の偏差平方の平均 $\dfrac{1}{n}\sum_{i=1}^{n}(x_i - \mu)^2$ として定義されます（偏差平方の期待値ということもできます）。母平均 μ が未知の場合にはそれを標本平均 $\overline{x}$ で代用しますが、そうすると、不等式（3）より除数を n としたのでは分散の過小評価になってしまいます。そこでその過小評価分を解消するために、標本分散では除数を $n-1$ とするのです（$n-2$ とかでなく $n-1$ とする根拠の説明には、推定量の不偏性という概念を必要とします）。

第二に、等式（2）は μ が母平均でなく何であっても成り立つ、ということです。μ を変数と見た場合、（2）の左辺を最小にする μ は、右辺の形から標本平均 $\overline{x}$ です。このことは標本平均の1つの特徴付けになっています。すなわち、各データからの偏差平方和を最小にする値は標本平均である、ということです。

ちなみに、各データからの偏差の絶対値の和 $\sum_{i=1}^{n}|x_i - m|$ を最小にする m は、データの中央値（メジアン）であることが示されます（これは、高等学校での数学の範囲です）。したがって、データのばらつきの大きさの尺度の1つとして、中央値 m からの偏差の絶対値を用いた $\dfrac{1}{n-1}\sum_{i=1}^{n}|x_i - m|$ も

考えられますが、実際上はほとんど使われてはいません。

2.2.2　5数要約と箱ひげ図

　データの分布を表す方法として5数要約があります。**5数要約**とは、データ全体の分布の形を、最小値（min）、第1四分位数（Q_1）、中央値（median）、第3四分位数（Q_3）、最大値（max）の5つの値で要約することです。n個のデータを小さい順に$x_{(1)} \le x_{(2)} \le \cdots \le x_{(n)}$としたとき、$x_{(1)}$が最小値、$x_{(n)}$が最大値で、中央値$med$はちょうど真ん中の値として、$n$の偶奇により、

$$med = \begin{cases} x_{((n+1)/2)} & (n：奇数) \\ (x_{(n/2)} + x_{(n/2+1)})\,/\,2 & (n：偶数) \end{cases}$$

と定義されます。第1四分位数は小さいほうから25%（= 1 / 4）の値、第3四分位数は小さいほうから75%（= 3 / 4）の値ですが、その定義式はソフトウエアなどによって微妙に異なるようです。中央値は小さいほうから50%（= 2 / 4）の値ですので第2四分位数でもあります。また、四分位範囲（IQR = Inter-Quartile Range）を次式によって定義します。

四分位範囲 ＝ 第3四分位数 － 第1四分位数

　四分位範囲は、データのうち中央部分の50%が存在する範囲です。

　5数要約は箱ひげ図によって図示されます。表1 （b）および図2 に示した学修時間データの5数要約を表3 に、箱ひげ図を図3 に示しました。

表3　学修時間データの5数要約

統計量	分
最小値	61
第1四分位数	75.75
中央値	82
第3四分位数	88
最大値	98

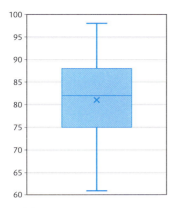

図3 学修時間データの箱ひげ図

　Excelでは、5数要約はQUARTILE関数で簡単に計算できます。**箱ひげ図**は、第1四分位数と第3四分位数で箱を作ってその中に中央値を描き入れ、最小値および最大値まで線（ひげ）を伸ばしたものです。ひげの両端の長さがデータの範囲となります。ただし「範囲」は**外れ値**（データの大部分から飛び離れた値）の影響を強く受けるので、データ全体のばらつきの尺度としては解釈に注意が必要です。

　箱ひげ図もExcelで描くことができます。箱ひげ図にはいくつかのバージョンがあり、外れ値を明示的に表す方法もソフトウエアによっては用意されています。箱ひげ図はヒストグラムの簡易版とも解釈されます。ただし、ヒストグラムから箱ひげ図は簡単に描けますが逆は真でなく、与えられた箱ひげ図からヒストグラムの大まかな形はわかるものの、その詳細まではわかりません。

2.2.3　標準偏差と尖度

　統計量のうち、平均はデータの中心的な位置を表し、歪度は分布の非対称性を表す尺度ですが、標準偏差と尖度はちょっとわかりにくいので、ここで少し詳しく考察しましょう。図1と同様、1から5までの整数値を取る代表的な分布形の例を、図4に4つ示しました。それぞれの分布につき、標準偏差と尖度を計算したのが表4です。

(a) 中央集中型

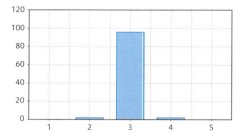

(b) 正規分布型

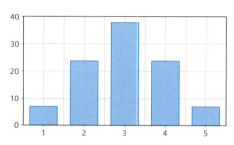

(c) 一様分布型

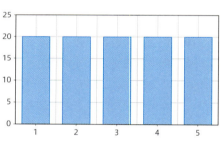

(d) 両極端型

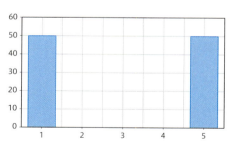

図4 いくつかの分布の形

表4 標準偏差と尖度

統計量	(a)	(b)	(c)	(d)
標準偏差	0.2	1.0	1.4	2.0
尖度	22.0	-0.5	-1.3	-2.0

図4 の (a)、(c)、(d) の分布形の特徴は見れば明らかですので、ここでは (b) の分布だけ説明しておきます。(b) は正規分布と呼ばれる分布から度数を計算しました。1と5がそれぞれ7%、2と4がそれぞれ24%、3が38%という割合になっています。中学校や高等学校の5段階評価を思い起こしてください。**図1** (a) に示したような対面でのアンケート調査などでよく見られる分布です。

◉ 標準偏差はデータのばらつきの尺度

図4 の分布形と **表4** の統計量の値を比べてみましょう。まずは標準偏差を取り上げます。**標準偏差はデータのばらつきの尺度**ですから (a) の中央集中型の分布での値が最も小さいことはうなずけます。

では、分布が最もばらついているのは4つのうちのどれでしょうか。(c) の一様分布型が最もばらついているという気もしますが、標準偏差でばらつきの大きさを評価した場合、最もその値が大きくなるのは (d) の両極端型です。それは標準偏差（および分散）の定義式からも明白で、平均から最も離れた値（この場合は1と5）の度数が大きければ大きいほど、標準偏差の値が大きくなるからです。標準偏差が何を測っているかを理解してください。

◉ 尖度は分布の裾の重さを表す

次に尖度について考えます。尖度は、文字通りの意味では分布の尖り具合を表すと解釈されますが、一概に正しくありません。**尖度は、分布の中心部の尖り具合というより分布の裾の重さ（平均から離れた値の度数の相対的な多さ）を表している**と解釈すべきです。

尖度の定義式では、観測値の標準化偏差の4乗となっていますので、標準化偏差の値が大きい、すなわち平均から大きく離れた値が多ければ多いほど尖度の値は大きくなります。

表4 から、(a) の尖度の値が大きくなっていることが見て取れます。(a) ではほとんどスコア3に集中し、2と4はほんの少しのように見えますが、標準偏差は0.2と小さいので、スコア4の標準化偏差は$(4 - 3) / 0.2 = 5$と、結構大きな値となっています。

(b) の尖度は0に近くなっています。尖度の定義では3を引いています

が、これは、正規分布のときに尖度がちょうど0になるようにしているためです。

（d）の両極端型の尖度は−2です。実は、尖度は（d）のような2点分布のときに最小値−2となることが証明されます。 表1 の「ネット調査」の尖度は−1.84と、最小値−2にかなり近いことを確かめてください。

これらをまとめて、**尖度は分布が正規分布のときに0となり、分布の裾が重いときに大きな値を取り（上限はありません）、2点分布のときに最小値−2となります。** 2点分布のときに尖度は最小値を取るので、尖度は分布の二峰性の尺度といわれることもあります。

🔷 2.2.4　変数変換

データ分析では、観測された値をそのまま使うのではなく、何らかの変換を加えることがあります。代表的な変換は、観測された値xに対し、aとbを定数として、

$$y = ax + b \tag{4}$$

とするものです。例えば、摂氏で測った気温xを華氏yにする変換は、$y = 1.8x + 32$です。変換（4）では、分布の位置がbだけ移動し、ばらつきの大きさが$|a|$倍になります。

変換（4）によってxに関する各統計量がyではどうなるかをまとめたのが 表5 です。歪度と尖度は分布の形状に関する統計量ですので、(4)の変換によって値は変わりません。

表5 変数変換による統計量の変化

統計量	x	$y = ax + b$
平均	$\bar{x}$	$\bar{y} = a\bar{x} + b$
分散	s_x^2	$s_y^2 = a^2 s_x^2$
標準偏差	s_x	$s_y = \lvert a \rvert s_x$
歪度	β_{1x}	$\beta_{1y} = \beta_{1x}$
尖度	β_{2x}	$\beta_{2y} = \beta_{2x}$
最頻値	$mode_x$	$mode_y = a(mode_x) + b$
最小値	min_x	$min_y = a(min_x) + b$
第1四分位数	Q_{1x}	$Q_{1y} = a Q_{1x} + b$
中央値	med_x	$med_y = a(med_x) + b$
第3四分位数	Q_{3x}	$Q_{3y} = a Q_{3x} + b$
最大値	max_x	$max_y = a(max_x) + b$
四分位範囲	IQR_x	$IQR_y = \lvert a \rvert IQR_x$

変数変換の中で特に、xの平均を$\bar{x}$とし、標準偏差をs_xとしたとき、

$$z = \frac{x - \bar{x}}{s_x} \tag{5}$$

の変換を**標準化変換**といいます。式（1）の標準化偏差は（5）の形の変換でした。標準化変換により、zの平均は0に、分散は1になります。

　変数変換としては（4）以外にも$y = x^2$、$y = \sqrt{x}$、$y = \log x$、$y = \sin x$など様々なものが考えられ、実際に用いられています。（4）の変換$y = ax + b$では、yの平均が$\bar{y} = a\bar{x} + b$と、$\bar{x}$を変換のxに代入して得られましたが、一般にはそうではありません。例えば$y = x^2$の変換では、$\bar{y} = (\bar{x})^2$ではなく$\bar{y} = (\bar{x})^2 + s_x^2$となります。

2.3 2変量データの要約とグラフ化

データ分析では、2つの変量xとyの間の関係の把握が重要なキーポイントとなることが多くあります。ここでは、両変量が連続型とカテゴリー型の場合の変量間の関係の評価法を示します。

2.3.1 連続データ

xとyは共に**連続的な変量**とし、n組のデータ$(x_1, y_1), \ldots, (x_n, y_n)$が得られているとします。これらの分布具合を確かめるため、まず散布図（scatter plot）としてデータ点をプロットします。

図5（a）は64人の学生の通学時間（x）と1日当たりの学修時間（y）の散布図、**図5**（b）は同じ64人の学生に対し、30秒間の脈拍値を授業

(a) 通学時間と学修時間
（横軸：通学時間、縦軸：学修時間）

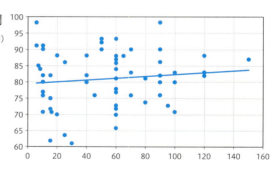

(b) 2回の脈拍値
（横軸：1回目、縦軸：2回目）

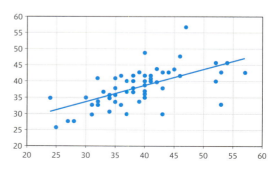

図5 散布図の例

開始直後（x）と授業終了直前（y）の2回計測したときの散布図です。なお、図にはxからyを予測する回帰直線を描き入れています。**図5**（a）ではxとyとの間にほとんど関係は見られませんが、**図5**（b）では右上がりの傾向が見て取れます。回帰直線とそれを用いた回帰分析は、**第3章**および**第4章**で改めて取り上げます。

　散布図でxとyのどちらを横軸に取るかは、任意の場合もありますが、予測の観点では予測されるほうを縦軸とし予測するほうを横軸に取ります。**図5**（a）では、通学時間が学修時間に与える影響を見るのには意味がありますが、学修時間から通学時間を予測したりはしないため、通学時間を横軸に取っています。また**図5**（b）では、第1回目の計測値から第2回目の計測値を予測することはありますが、逆に第2回目の計測値から第1回目の値を予測することは稀でしょうから、第1回目の計測値を横軸に取っています。

　2つの連続データの関係を数値的に示したのが**相関係数**です。相関係数は、xおよびyの平均をそれぞれ$\overline{x}$、$\overline{y}$とし、標準偏差をそれぞれs_x、s_yとしたとき、

$$r = \frac{\frac{1}{n-1}\sum_{i=1}^{n}(x_i - \overline{x})(y_i - \overline{y})}{s_x s_y} = \frac{1}{n-1}\sum_{i=1}^{n}\left(\frac{x_i - \overline{x}}{s_x}\right) \cdot \left(\frac{y_i - \overline{y}}{s_y}\right) \tag{6}$$

によって定義されます。（6）の2番目の式の分子、

$$s_{xy} = \frac{1}{n-1}\sum_{i=1}^{n}(x_i - \overline{x})(y_i - \overline{y})$$

を**共分散**（covariance）といいます。定義式（6）の2番目の式では、共分散をそれぞれの変量の標準偏差の積で割って定義していますが、3番目の式では標準化した値同士の積和により定義しています。

　相関係数は定義式からもわかるように無名数で、$-1 \le r \le 1$となり、rの値が± 1に近いほど両変量間の関係が強いと判断され、± 1のときは全データが直線上に乗る、完全な関係を表します（$+1$のときは右上がり、-1のとき右下がりの直線になります）。

図5 (a) の相関係数は$r = 0.119$、**図5** (b) の相関係数は$r = 0.624$で、図からも (b) のほうが関係が強いことがわかります。相関係数が負のときは右下がりの傾向となり、相関係数が0のときは**無相関**といいます。

ただし、**無相関は必ずしも無関係を意味しないことに注意が必要です。**相関係数は無相関が0で完全な相関が1ですので、その半分は0.5と思いがちですが、相関係数は2乗して考えるのがよく、$r = 0.7$とすると$r^2 \approx 0.5$ですので、「$r = 0.7$程度が半分の相関」と見なされることもあります。

2.3.2 カテゴリカルデータ

その取り得る値が（男, 女）や、（1年生, 2年生, 3年生）のように分類（カテゴリー）であるものを**カテゴリカルデータ**といいます。2変量(x, y)が共にカテゴリカルで、xはr個のカテゴリー$x_1, \cdots, x_r$、yはc個のカテゴリー$y_1, \cdots, y_c$のいずれかの値を取るとし、全部でN組のデータ中で(x_j, y_k)に分類された組の度数をf_{jk}とします。また、xがx_jとなった度数を$n_j = f_{j1} + \cdots + f_{jc}$とし、$y$が$y_k$となった度数を$m_k = f_{1k} + \cdots + f_{rk}$とします（$j = 1, \ldots, r\,;\,k = 1, \ldots, c$）。また、$n_1 + \cdots + n_r = m_1 + \cdots + m_c = N$です。

これらは**表6**のようなr行c列の表形式にまとめられます。これを**クロス集計表**といい、f_{jk}を**第(j, k)セル度数**、n_jあるいはm_kはクロス集計表の周辺部分に位置することから**周辺度数**といいます。**表7**は、これまでも例に挙げた64名の学生の、性別（x）と文理別（y）の2行2列のクロス集計表です。

表6 クロス集計表

	y_1	$\cdots$	y_c	計
x_1	f_{11}	$\cdots$	f_{1c}	n_1
$\vdots$	$\vdots$	$\cdots$	$\vdots$	$\vdots$
x_r	f_{r1}	$\cdots$	f_{rc}	n_r
計	m_1	$\cdots$	m_c	N

表7 性別と文理のクロス集計表

	理系	文系	計
男子	30	10	40
女子	16	8	24
計	46	18	64

表6 の形式にデータがまとめられるのは、N組のデータの2重分類だけではありません。$x = x_j$であるn_j人に対し、yがy_kとなった度数をf_{jk}としても、**表6** と同じ形式の表が得られます。この場合、$n_1, \cdots, n_r$はクロス集計表のように観測の結果で決まる数ではなく、あらかじめ計画された人数となります。この場合の表を**分割表**と呼ぶこともあります。逆に$y = y_k$のm_k人に対してxがx_jとなった度数をf_{jk}としても、同じ表となります。どのようにデータが取られたのかの情報は、後述するように結果の解釈に極めて重要な役割を果たします。

● 分割表の例

表8 に分割表の例を示しました。

表8 分割表の例

（a）前向き研究

度数	有効	無効	計
新薬	30	10	40
既存薬	32	16	48
計	62	26	88

（b）後ろ向き研究

度数	異常	正常	計
服用	30	20	50
非服用	16	16	32
計	46	36	82

新薬の開発において、新薬を40名に、既存薬を48名に投与して薬が有効か無効かを調べると、**表8** （a）の形の結果が得られるでしょう。この種の研究は、薬剤の投与という処置の後にその経過を観察するため、**前向き研究**と呼ばれます。実はこの表は、**表7** のクロス集計表の1行目はそのままに、2行目のデータ数を2倍にしたものです。

それに対し、出産における異常分娩46例と正常分娩36例に対し、妊娠初期にある薬剤を服用したか否かを調べると、**表8** （b）のような結果が得られます。出産の結果から過去にさかのぼって薬剤の服用の有無を調べ

るため、**後ろ向き研究**と呼ばれます。この表も実は、 表7 の1列目はそのままに、2列目のデータ数を2倍にしたものです。データ数は異なるものの、興味の対象の比率は同じですので、 表8 の（a）も（b）も本質的に 表7 と同じ結果を与えていますが、観測度数そのものは異なっています。

● 無関係の関係（独立性）

2変量間の関係を評価する際、関係の中で最も重要なものは無関係という関係です。 まず無関係を定義し、そこからの乖離の程度によって関係の強さを定義します。一般に、ある事象Aの確率を$P(A)$とするとき、AとBの独立性は、次式で定義されます。

$$P(A \cap B) = P(A)P(B) \tag{7}$$

定義式（7）の$P(A \cap B)$がセル確率、$P(A)$および$P(B)$が周辺確率に相当するので、周辺確率の積がセル確率に等しいことでクロス集計表での行分類と列分類との独立性、すなわち無関係性が評価できます。確率の推定値は相対度数ですので、両変量が独立（無関係）であれば、第(j, k)セル度数は、

$$e_{jk} = N \times \frac{n_j}{N} \times \frac{m_k}{N} = \frac{n_j m_k}{N} \tag{8}$$

程度になると期待されます。(8)の$\underline{e_{jk}を独立性の仮定の下での第(j, k)セル度数の期待値}$といいます。

各セルの期待値の周辺和（各セルでの値の縦または横の和）は、元のデータの周辺和に一致します（ 表9 参照）。また、 表7 のデータから求めた期待値の表を 表10 に示します。

表9 期待値の表

	y_1	$\cdots$	y_c	計
x_1	e_{11}	$\cdots$	e_{1c}	n_1
$\vdots$	$\vdots$	$\cdots$	$\vdots$	$\vdots$
x_r	e_{r1}	$\cdots$	e_{rc}	n_r
計	m_1	$\cdots$	m_c	N

表10 **表7** のデータの期待値

期待値	理系	文系	計
男子	28.75	11.25	40
女子	17.25	6.75	24
計	46	18	64

表8 (a) のような分割表では、行分類と列分類との独立性は、各行の間で列カテゴリーとなる確率がすべて等しいことを意味します。すなわち、各行で第kカテゴリーとなる確率がすべて等しくm_k / Nであるとすると、第j行のn_j人中で第kカテゴリーとなる人数の期待値は、

$$e_{jk} = n_j \times \frac{m_k}{N} = \frac{n_j m_k}{N}$$

となり、(8) と一致します。後ろ向き研究の場合も同じく、独立性の仮定の下で各セルの期待度数は (8) となります。

クロス集計表あるいは分割表の行分類と列分類が独立かどうかは、**表6** の実測値f_{jk}と **表9** の独立性の下での期待値e_{jk}が近いかどうかで判断されます。その近さの指標として、

$$Y = \sum_{j=1}^{r} \sum_{k=1}^{c} \frac{(f_{jk} - e_{jk})^2}{e_{jk}} \tag{9}$$

が用いられ、このYはカイ二乗統計量と呼ばれます。Yは、すべての実測値f_{jk}と期待値e_{jk}が等しい場合にのみ0になり、それらが離れれば離れるほど大きな値となります。$r = c = 2$の2×2表では、

$$Y = \sum_{j=1}^{2}\sum_{k=1}^{2}\frac{(f_{jk}-e_{jk})^2}{e_{jk}} = \frac{N(f_{11}f_{22}-f_{12}f_{21})^2}{n_1 n_2 m_1 m_2} \quad (10)$$

となります（証明してみてください。学生の演習問題にはちょうどよい程度です）。Yの大きさの基準としては通常、自由度$(r-1)(c-1)$のカイ二乗分布の上側5%点$y_{(r-1)(c-1)}(0.05)$という値が用いられます。なお、2×2表では自由度は1で、$y_1(0.05)=3.84$になります。そして、$Y > y_{(r-1)(c-1)}(0.05)$のとき、行分類と列分類の間には関係があると判断します。

表7のデータで実際に計算してみると、（9）および（10）より、

$$Y = \frac{(30-28.75)^2}{28.75} + \frac{(10-11.25)^2}{11.25} + \frac{(16-17.25)^2}{17.25} + \frac{(8-6.75)^2}{6.75}$$
$$= \frac{64\times(30\times 8 - 10\times 16)^2}{40\times 24\times 46\times 18} \approx 0.515$$

となります。$Y<3.84$ですから、行分類と列分類とは関係があるとまでは言い切れないという結論になります。

2.4 統計手法の概説（統計的推測の基礎）

前節までで、実際に手元にあるデータのグラフ化と要約について学んできました。統計的データ解析で最も重要な点は、データを分析して得られた結果をどの範囲まで一般化できるかです。その際、母集団と標本の区別を付けることが重要です。

2.4.1 標本から母集団への一般化可能性

　図1（b）のインターネット調査の結果は、実際に回答した人だけでなく「インターネット調査で回答するような人たちの集団」には一般化可能であるものの、普通の人たちの動向を的確に表しているとはいえないでしょう。

　図2の学修時間データでも、その授業の履修者がやる気のある学生ばかりであったり、逆に楽に単位が取れそうだということで集まってきた学生ばかりであったりすれば、その分析結果をその大学全体の学生に当てはめることはできないでしょうし、ましてや日本の大学生全体に一般化することはできません。

　同じデータであっても分析の目的によって一般化の範囲は異なってきます。例えば、大学の教師がある年度に自分の授業の成績を付ける場合は履修学生の成績データがすべてで、それを一般化する必要はありません。しかし、その教師の成績の付け方の特徴を議論する場合は、現在の学生に加えて過去および未来の学生全体にまで一般化して、適用範囲を広げる必要があります。

　分析の対象となる全体の集合あるいは一般化する対象となる集団を**母集団**と呼び、そこから得られたデータを**標本**といいます。そして標本から母集団の性質を知ろうとすることあるいはデータから母集団への一般化の過程を、**統計的推測**といいます。

　統計的推測の妥当性や分析結果の一般化可能性は、データの取り方に大きく依存します。母集団のできるだけ忠実な縮図となるような標本をいか

に得るかが本質です。そのための方策として、母集団からの**無作為抽出**（**ランダムサンプリング**）によるデータの抽出があります。データの抽出法には様々なものがありますが、ここでは最も簡単な無作為抽出を念頭に置いて議論します。

2.4.2　標本分布

　ある特性に関して母集団から無作為にn個のデータを取るとし、それらの値を表す変数（**確率変数**）を$X_1,\ldots,X_n$とします。実際に得られるデータ$x_1,\ldots,x_n$はそれらの**実現値**と見なされます。

　例えばある大学で、学生の学修時間の大学全体での平均（母平均）μの値を知りたいとします。そのため、この大学全体から無作為にn人を抽出して彼らの学修時間を調べ、それらを表す変数を$X_1,\ldots,X_n$とし、それらの平均を$\bar{X} = \dfrac{1}{n}(X_1 + \cdots + X_n)$、分散を$S^2 = \dfrac{1}{n-1}\displaystyle\sum_{i=1}^{n}(X_i - \bar{X})^2$とします。実際に得られたデータを$x_1,\ldots,x_n$としたとき、それらの平均$\bar{x} = \dfrac{1}{n}(x_1 + \cdots + x_n)$、および分散$s^2 = \dfrac{1}{n-1}\displaystyle\sum_{i=1}^{n}(x_i - \bar{x})^2$は、それぞれ$\bar{X}$および$S^2$の実現値となります。

　確率変数Xとその実現値xの区別はわかりにくいのですが、「Xはデータを取る行為」、「xはその結果」と見なすといいでしょう。すなわち、$X_i = x_i$は第i番目の人に対してデータを観測したところ実際にx_iという値が得られたと解釈します。同様に、例えば$\bar{X} = \dfrac{1}{n}(X_1 + \cdots + X_n)$は、$n$人のデータを観測してそれらの和を取り、$n$で割って平均を求める行為とし、$\bar{x} = \dfrac{1}{n}(x_1 + \cdots + x_n)$はその結果得られる具体的な数値とします。

　こう考えると、実際にn個の観測値からなる1組のデータ$(x_1,\ldots,x_n)$を得たとき、それらの平均$\bar{x}$は1つの数値でしかありませんが、平均を計算する行為（$\bar{X}$）は仮想的に複数回（原理的には無限回）行うことが可能で、$\bar{x}$はそれらのうちの1つと見なすことができます。

　すなわち、統計量$\bar{X}$やS^2はデータを取るごとに異なる値となり、確率的な変動をします。一般に、母集団からの仮想的な標本抽出に起因する統計量の（仮想的な）分布を**標本分布**といいます。

標本分布は、データそのものの分布と区別しなければなりません。データそのものの分布は、例えばヒストグラムによって示すことができる現実の分布です。それに対し**標本分布は、仮想的な無作為抽出に基づく統計量の分布で、仮想的・理論上の分布**です。

● 標本分布の具体例

ある特性値の母集団での分布は正規分布 $N(50, 10^2)$ であるとし、そこから無作為に100個のデータを得たとします。**図6**（a）は $N(50, 10^2)$ の確率密度関数で、**図6**（b）はその100個のデータのヒストグラムです。

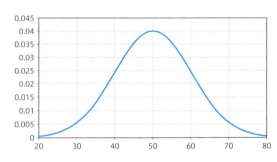

（a）確率密度関数

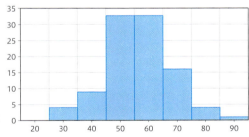

（b）無作為標本のヒストグラム

図6 $N(50, 10^2)$ の確率密度関数と無作為標本の例

それに対し、$N(50, 10^2)$ から n 個のデータを取ってそれらの標本平均 $\bar{x}$ を求める、という作業を多数回繰り返したときの $\bar{x}$ の標本分布が**図7**です。**図7**には（a）$n=10$、（b）$n=50$、（c）$n=100$ の場合を示しました。

図7からは、n が大きくなるにつれて標本分布のばらつきが小さくなっている様子がわかります。実際、母集団での確率変数 X の分散が σ^2 のとき（標準偏差は σ）、n 個のデータから求めた平均 $\bar{X}$ の標本分布の分散は $\dfrac{\sigma^2}{n}$

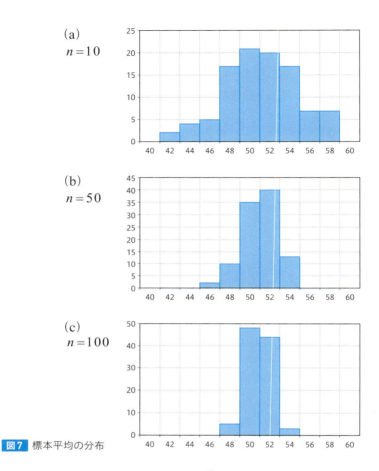

図7 標本平均の分布

であることが示されます。その平方根 $\dfrac{\sigma}{\sqrt{n}}$ を $\bar{X}$ の**標準誤差**（standard error）といいます。σ^2 が未知のときはそれを標本分散 s^2 で置き換え、そのときの $\dfrac{s}{\sqrt{n}}$ を標準誤差という場合もあります（正確にいうと標準誤差の推定値です）。**表1**のExcelの出力の「標準誤差」がこれに当たり、標準偏差を $\sqrt{n}$ で割った値となっています。

2.4.3 統計的推測（点推定と区間推定）

　統計的推測の二本柱は推定と検定ですが、ここでは推定について論じます。**推定**とは、母集団分布の**未知定数（パラメータ）**の値をデータから推

し量るもので、**点推定**と**区間推定**があります。以下では母集団分布を正規分布 $N\left(\mu, \sigma^2\right)$ として話を進めます。分析の目的は母集団分布の平均（母平均）μ と分散（母分散）σ^2 の値を知ることで、特に μ に焦点を当てます。

● 点推定

$N\left(\mu, \sigma^2\right)$ からの n 個の無作為標本を表す確率変数を $X_1, \ldots, X_n$ とし、それらの平均と分散をそれぞれ次式とします。

$$\bar{X} = \frac{1}{n}\sum_{i=1}^{n} X_i, \quad S^2 = \frac{1}{n-1}\sum_{i=1}^{n}(X_i - \bar{X})^2$$

実際の観測データを $x_1, \ldots, x_n$ とし、それらの平均と分散をそれぞれ、

$$\bar{x} = \frac{1}{n}\sum_{i=1}^{n} x_i, \quad s^2 = \frac{1}{n-1}\sum_{i=1}^{n}(x_i - \bar{x})^2$$

とします。母平均 μ の推定には標本平均 $\bar{X}$ を用い、母分散 σ^2 の推定には標本分散 S^2 を用いるのが自然で、そうするのがよい理由もあります。

このとき、$\bar{X}$ は μ の（点）推定量、S^2 は σ^2 の（点）推定量といいます。1つの値でパラメータを推定しているので「点」という接頭語を付ける場合があります。そして推定量 $\bar{X}$ および S^2 の具体的な値（実現値）$\bar{x}$ および s^2 を（点）推定値といいます。**推定量は推定方式を与え、推定値はその推定方式に従って実際に計算して得られた値、という区別をしています。**

$\bar{X}$ の標準誤差は $\dfrac{\sigma}{\sqrt{n}}$ で、標準誤差が小さいほど標本分布は真値 μ の周りでのばらつきが小さくなりますから、$\bar{X}$ の推定精度がいいことを表しています。

表1 （b）のデータでは、母集団分布を $N\left(\mu, \sigma^2\right)$ とすると、標本平均 $\bar{x} = 81.06$ が μ の点推定値、標本分散 $s^2 = 69.96$ が σ^2 の点推定値を与えます。標本平均 $\bar{X}$ の標準誤差は $\sqrt{69.96/64} \approx 1.05$ です。

● 区間推定

点推定は1つの値でパラメータを推定しましたが、区間で推定することもあり、これを区間推定といいます。母集団分布が $N\left(\mu, \sigma^2\right)$ のとき、$\bar{X}$

とS^2を組み合わせた統計量$T = \dfrac{\bar{X} - \mu}{\sqrt{S^2 / n}}$は、自由度$n-1$の$t$分布という分布に従います。$\alpha$を確率値として$t_{n-1}(\alpha/2)$を自由度$n-1$の$t$分布の上側$100\alpha/2\%$点としたとき、

$$P\left(-t_{n-1}(\alpha/2) \leq \frac{\bar{X} - \mu}{S/\sqrt{n}} \leq t_{n-1}(\alpha/2)\right) = 1 - \alpha$$

ですので、カッコの中をμに関して解くと、

$$P\left(\bar{X} - t_{n-1}(\alpha/2)\frac{S}{\sqrt{n}} \leq \mu \leq \bar{X} + t_{n-1}(\alpha/2)\frac{S}{\sqrt{n}}\right) = 1 - \alpha \qquad (11)$$

となります。このとき、$\bar{X}$とS^2にそれぞれ実現値を代入した区間、

$$\left(\bar{x} - t_{n-1}(\alpha/2)\frac{s}{\sqrt{n}},\ \bar{x} + t_{n-1}(\alpha/2)\frac{s}{\sqrt{n}}\right) \qquad (12)$$

を、μの信頼度$100(1-\alpha)\%$の信頼区間といいます。定数$t_{n-1}(\alpha/2)$は数表あるいはExcelの関数$\text{TINV}(\alpha/2, n-1)$で求めることができます。通常は$\alpha=0.05$とした信頼度95%の信頼区間を求めます。

　信頼度$100(1-\alpha)\%$の信頼区間は、母集団からn個の観測値を得て（11）の計算式に基づいて信頼区間を作るとき、その区間がμを含む確率は$1-\alpha$である、というものです。（11）のカッコの中身では$\bar{X}$とSは確率変数ですので区間の中にμを含む確率が$1-\alpha$であるといえますが、（12）の$\bar{x}$とsはデータから計算される値ですので、（12）の信頼区間の定義式の中には確率変数がありません。そこで、区間（12）がμを含む「確率」ではなく「信頼度」という訳です。

　Excelの「分析ツール」の「基本統計量」で「平均の信頼度の出力」にチェックを入れて信頼度を入力すると、$t_{n-1}(\alpha/2)\dfrac{s}{\sqrt{n}}$の値が出力されます。 **表1** （b）では、信頼度を95%としたところ2.09という数値を得ていますので、μの信頼度95%信頼区間は次のように求められます。

$$81.06 \pm 2.09 = (78.97,\ 83.15)$$

CHAPTER

3

オープンデータから
何がわかるか、何がいえるか
～集計データの統計分析～

第3章の内容

　ネット上では様々な記事やニュースが発信されていますが、中には「お
やっ？」と思うものもあります。あるとき「文科省調査で判明…"英語達
者"教師で生徒が伸びないワケ」という記事[1]を見つけました。

　その内容は、文部科学省が公表した「英語教育実施状況調査」によると、
教員の英語力が高い県の生徒の英語力には平均以下のものが多く（例えば
教員の英語力有の比率がトップの香川県の生徒の英語力有の比率は平均以
下）、逆に成績上位の生徒の県の教員の英語力は平均以下のものが多い、と
いうもので、「どうして成績がかみ合わないのか」と疑問を投げかけていま
す。しかし、この記事こそが疑問だと感じられます。

　近年、各省庁は様々なデータをオープンデータとして公開し、研究者や
実務家の分析のために供されていますが、これらの多くは政府統計の総合
窓口（e-Stat）から入手可能です。

● **e-Stat**
　URL　https://www.e-stat.go.jp/

　実際、本章で扱うデータにもe-Statから入手したものがあります。上記
のような調査レポートは自分で調べることが可能になってきています。

　これらのデータの特徴は都道府県ごとなどの集計データであることです
が、この種のデータでは、分析法やレポートの仕方を間違えると誤解を生
むことになります。

※1　日刊ゲンダイDIGITAL：https://www.nikkan-gendai.com/articles/view/life/203180

3.1 データの素性と 分析結果の解釈

疑問に思ったら調べてみましょう。本章では、文部科学省のオープンデータを用いて説明していきます。

3.1.1 ネットの記事とオープンデータの実際の例

　この英語教育に関する記事の元データは、「英語教育実施状況調査」で検索すると、文部科学省のWebサイトの中に容易に見つけることができます。「英語教育実施状況調査」は年次調査となっており、本章で扱っているのは平成28年度の調査結果です。

● 平成28年度「英語教育実施状況調査」の結果について

URL http://www.mext.go.jp/a_menu/kokusai/gaikokugo/1384230.htm

　上記のページには、文部科学省による結果の解説と都道府県別のデータが掲載されていて、データの説明によると、「生徒の英語力有」を「英検準2級以上取得相当」と定義し、「英語教員の英語力有」を「英検準1級以上取得相当」としています（もう少し細かく定義されていますが、ここでは簡単のためにこの定義を用います）。

　データは都道府県別に表示されていて、高等学校について当該部分のみを抜き出して初めの5件を示すと、 表1 のようになっています。

表1 都道府県別の英語力有の割合・高等学校（初めの5件）

H28	教員数	英語力有	生徒数	英語力有	教員比率	生徒比率
	（人）	（人）	（人）	（人）		
北海道	1074	534	32052	11288	0.497	0.352
青森県	276	157	8929	3418	0.569	0.383
岩手県	300	155	9235	3195	0.517	0.346
宮城県	465	234	14248	3934	0.499	0.276
秋田県	245	134	7563	2867	0.547	0.379

出典 平成28年度「英語教育実施状況調査」より

例えば、北海道での教員の「英語力有」の比率（以降、教員比率）は534/1074＝0.497、「生徒の英語力有」の比率（以降、生徒比率）は11288/32052＝0.352などのように計算されます。全国平均は、教員比率は0.646で、生徒比率は0.363でした。

47都道府県の教員比率と生徒比率を、例えば北海道(0.497, 0.352)、青森(0.569, 0.383)のようにペアにして散布図としてプロットしたのが 図1 です。

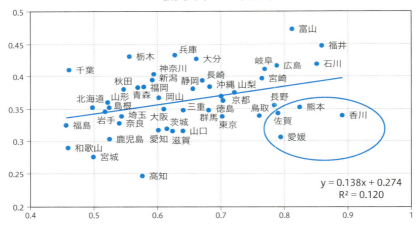

図1 教員（横軸）と生徒（縦軸）の英語力有の比率

出典 平成28年度「英語教育実施状況調査」より

図1 には回帰直線を描き入れていますが、直線は右上がりで、教員比率が高いと生徒比率も高い傾向が見て取れ、本章の冒頭で紹介したネットでの記事と矛盾した結果となっています。記事では、教員比率が高い香川県（1位）の生徒比率は平均以下であり、教員比率が高い熊本県（4位）、愛媛県（6位）、佐賀県（7位）などの生徒比率は平均未満としていましたが、これら4県は 図1 の丸で囲んだ部分に位置する県です。

何のことはない、教員と生徒がかみ合わない県のみを取り上げて記事を書いていたのです。この記事には、香川県の担当者や識者のコメントも掲載されていましたが、記事で書かれたことを鵜呑みにしての意見だったようです。

● 回帰直線を描き入れて解釈してみる

図1 に描き入れられた**回帰直線**は、散布図のデータ点を最もよく近似する直線ですが、横軸の値を与えた下での縦軸の値の平均値（期待値）を表す直線という解釈もなされます（**3.4**参照）。

Excelでは、回帰直線を「近似曲線の追加」のメニューで簡単に描くことができます。図1 では、教員比率をxとし、生徒比率をyとすると、

$$y = 0.274 + 0.138x$$

となっています。すなわち、教員比率（x）が1%大きいと生徒比率（y）は（平均的に）0.138%だけ大きいことになります。

さて、この結果をどう解釈したらよいかが次の段階です。教員の英語力が高いほど生徒の英語力も高いといってよいか。教員の英語力を高めれば生徒の英語力も高まるといってよいかが問題となります。

3.1.2　オープンデータの例

オープンデータの例をあと2つ挙げます。次の例は選挙の投票率です。総務省のWebサイトからは、選挙関連の多種多様なデータが容易に得られます。

図2 は平成26年（H26）および平成29年（H29）の衆議院選挙における各都道府県の小選挙区での投票率の散布図（横軸：H26、縦軸：H29）に、回帰直線を描き入れたものです。右上がりの傾向があり、H26に投票率が高かった都道府県ではH29にも高いという傾向が見て取れます。

では、このデータから、H26に投票した人の中でH29にも投票した人の割合、あるいはH26に投票しなかった人の中でH29には投票した人の割合はわかるのでしょうか。というのが次の問題です。

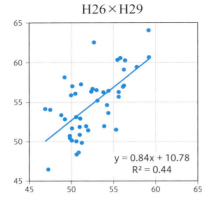

図2 H26（横軸）とH29（縦軸）の衆議院選挙（小選挙区）の都道府県別の投票率

出典　総務省「社会・人口統計体系 都道府県データ 基礎データ」

　もう1つ例を出します。近年、特に若年層におけるインターネットの過度な利用が問題視されています。**図3**は、政府統計の総合窓口であるe-Statにある「青少年のインターネット利用環境の実態調査」における若年層の1日当たりのインターネット利用時間（横軸）と全国学力テストの正答率（縦軸）を都道府県別にかけ合わせたものです。

　両変量間に弱い負の相関が見られ、回帰直線も右下がりとなって、インターネット利用時間が長いと学力テストの正答率が低いという弱い相関が見られるようですが、統計的に有意な結果ではありません。ほとんど関係が見られないといったほうが正解かもしれません。

　果たして、インターネットの利用時間は学力テストの正答率に影響を与えないのでしょうか、というのがここでの問題意識です。

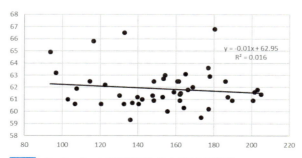

図3 インターネット利用時間と学力テスト正答率

出典　政府統計の総合窓口であるe-Statより著者作成

ここで挙げた以外にも、オープンデータの集計結果から様々なことがいわれたり書かれたりしています。例えば 図3 の話題に関連して、文部科学省の「全国学力・学習状況調査」から、中学生の携帯電話・スマートフォン所有率と正の相関が高い調査項目として、長時間ネット利用率、通塾率、長時間ゲームプレイ率、長時間テレビ視聴率などが挙げられていて、逆に負の相関が高い調査項目として、自宅学習率、朝食摂取率、宿題実行率、早寝早起き率があるとされています。

また、深刻な問題ですが、自殺率と完全失業率の関係についても多くの研究がなされ、男性では相関が高いが女性ではそうでもないこと、都市部と郡部では様相が異なることなどが報告されています。これらの報告はすべてネット上で見ることができます。

官公庁が発表し、誰でもが使えるデータ（オープンデータ）は、その数も種類もますます増えつつあります。データは世相を映す鏡ですから、それらを的確に分析した上で政策決定やビジネスに活かしていく必要があります。

ところが、何かのデータと別のデータを組み合わせれば、そこに何らかの関係がありそうに思えたりします。それが真の関係なのか、あるいは見かけの関係なのかの見極めをしなくてはなりません。オープンデータから何がわかるのか、何がいえるのかについての正しい認識が重要です。

3.1.3　本章での表記について

ここで挙げたデータの特徴は、すべて集計データであることです。 図1 から 図3 の散布図にプロットされたデータ点はすべて都道府県のいずれかになり、値は都道府県ごとに集計されたものです。

なお本章では以降、簡単のため都道府県は単に県とし、第 i 番目の都道府県という代わりに単に第 i 県と書きます（北海道、東京、大阪、京都も含んでいます）。

一般に、2変量データを記号で (x_i, y_i), $i = 1, \ldots, n$ としましょう。ここでは $n = 47$ であり、 図1 では、$i = 1$ は北海道で $(x_1, y_1) = (0.497, 0.352)$ となります。沖縄は $i = 47$ で、$(x_{47}, y_{47}) = (0.682, 0.384)$ です。 図2 も 図3 も i は同じ県を表す記号です。

3.2 集計データ分析のための論点

これまで例に出したようなデータの分析法を議論する前に、論点を明確にするため、相関と回帰そして因果の区別をしておきましょう。加えて、個人データと集計データの違いにも触れます。

3.2.1 変量間の関係

2変量データ(x, y)におけるxとyの間の関係には、「**相関**」、「**回帰**」、「**因果**」の3種類があります。変量間の関係は相関と因果の2つに分類されることが多いのですが、ここでは回帰を加えた3分類としました。これらのうち、相関は双方向的な概念、因果と回帰はxからyへという一方向的な概念という違いがあります。ここでの回帰関係は、「一方向的であって、必ずしも因果関係ではないかもしれないが、xからyの予測には有用であるという関係」とします。これらの変量間の関係は、**4.2**で改めて取り上げます。

● 2変量データを扱うときの注意点：その1

説明の都合上、少しだけ数式を出します。n組の2変量データ(x_1, y_1), ..., (x_n, y_n)に対し、それらの平均と標準偏差をそれぞれ、$\bar{x}$、$\bar{y}$、s_x、s_yとし（定義は**第2章**参照）、共分散を、

$$s_{xy} = \frac{1}{n-1} \sum_{i=1}^{n} (x_i - \bar{x})(y_i - \bar{y}) \tag{1}$$

とします。

このとき、第2章の式（6）で示したように、xとyの間の**相関係数**は、

$$r = \frac{s_{xy}}{s_x s_y} \tag{2}$$

で与えられます。また、xからyを予測する回帰直線は、

$$y = \bar{y} + \frac{s_{xy}}{s_x^2}(x - \bar{x}) = a + bx \tag{3}$$

となります。ここで、

$$b = s_{xy}/s_x^2, \ a = \bar{y} - b\bar{x} \tag{4}$$

です。aは$x = 0$のときのyの値ですので**y切片**といい、bは直線の傾きで**回帰係数**ともいいます。これらの統計量は、実際のデータ解析ではExcelなどの表計算ソフトや専用の統計ソフトによって簡単に計算できますので、計算式を覚える必要はありませんが、その形を理解しておくと統計手法の理解につながります。

相関係数rについては、（2）でxとyを入れ替えても、（1）より$s_{yx} = s_{xy}$であることがわかりますから、値は変わりません。このことは相関係数が双方向的であることにつながります。

それに対し、（3）でxとyの記号を入れ替えてyからxへの回帰式を求めると、次式となります。

$$x = \bar{x} + \frac{s_{xy}}{s_y^2}(y - \bar{y}) = c + dy \tag{5}$$

$d = s_{xy}/s_y^2$および$c = \bar{x} - d\bar{y}$です。一方、（3）を直接式変形すると、

$$x = \frac{1}{b}(y - a) = \bar{x} + \frac{s_x^2}{s_{xy}}(y - \bar{y})$$

となり、（5）とは異なる直線となります。すなわち、xからyを予測する回帰直線（3）はyからxを予測するためには使えなくて、yからxを予測するためには（5）としなければなりません。このことは、回帰では変数の役割を入れ替えることはできず、その関係が一方向的であることを示しています。

● 2変量データを扱うときの注意点：その2

次に注意すべきは、 図1 から 図3 のようなオープンデータに基づく散布図は、集計データに関するものであるということです。

通常、2変量データ (x_i, y_i), $i = 1, \ldots, n$ は、同じ個体に関するもの、例えば、i という生徒の模擬試験の点数と本番の入試の点数であったり、i という商品の宣伝費と売上高であったりします。この場合の分析の目的は、その個人の模擬試験の点数からの入試の点数の予測であり、商品の宣伝費と売上の関係を調べることです。

それに対し 図1 では、県単位での教員の英語力と生徒の英語力の関係を調べているだけであって、英語力のある教員の教える生徒の英語力がどうであるかという個人レベルでの結果はレポートされていません。 図2 でも、平成26年の選挙で投票した人が平成29年の選挙で投票したかどうかは、そのままではわかりません。

図1 と 図2 の例は割合を扱ったものですが、 図3 の例はインターネット利用時間と学力テストの正答率という連続データを扱ったものです。ここでもデータは県単位での平均値であって、平均的にインターネット利用時間と学力テストの正答率には顕著な関係が見られないという結果ですが、個人レベルで、インターネット利用時間が多い生徒の学力テストの結果がどうであったかはわかりません。

🔷 3.2.2　個人レベルと集団レベルの関係

個人レベルでの相関と集団レベルでの相関との関係をわかりやすく捉えるため、 図4 および 図5 を用いましょう。

(a) 全体での相関

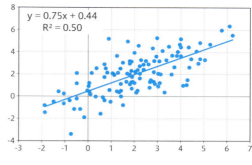

(b) 群ごとの相関

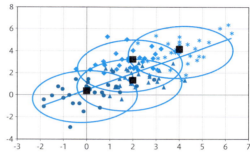

図4 個人レベルと集団レベルでの相関（1）

(a) 全体での相関

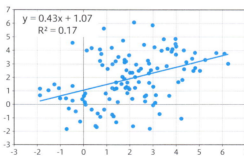

(b) 群ごとの相関

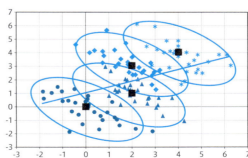

図5 個人レベルと集団レベルでの相関（2）

図4 および **図5** では、共に（a）は全体の2変量分布の散布図を表します（$n=120$）。実は、（a）の散布図はそれぞれ30個ずつのデータからなる4群に分けられるもので、群ごとに記号を変えて散布図を描いたのが（b）となります。（b）には各群での平均を■でプロットしています。また、（b）における楕円は各群でのデータの分布状況を概略表したものです。それぞれの散布図で次の3種類の相関を計算します（**表2** 参照）。

（i）　全体の相関：各散布図の（a）から求めたもの
（ii）　群ごとの相関：各散布図の（b）の群ごとの相関の平均
（iii）平均の相関：各散布図の（b）の4つの平均値に関する相関係数

表2 3種類の相関係数

	全体の相関	群ごとの相関	平均の相関
図4	0.71	0.33	0.89
図5	0.40	− 0.65	0.89

図4 と **図5** では、4群の平均値が同じになるようにデータを作成しました。したがって **表2** での「平均の相関」は両図で同じ値になっています。4つの平均値が **図3** の県ごとの値に対応しています（**図3** では47個の平均値のプロットとなっています）。これが集計データ、すなわち集団レベルでの相関という訳です。

それに対し、**図4** および **図5** の（a）あるいは（b）の120個の点の間の相関が個人レベルの相関を表しています。**図4** は実際問題でありそうな状況、**図5** は実際にはあまり見かけないでしょうが、あり得ない訳ではない状況です。これら2つの図および **表2** からは、集団レベルでの相関（i）は必ずしも個人レベルでの相関関係（ii）を表現し得ていないことがわかります。

個人レベルの相関を（a）のように全体として見るか、（b）のように群ごとに見るかは、その使い方、解釈の仕方に依存します。例えば、群が男女や学校の学年のように明らかに区別され、群ごとでの相関関係を見たい場合には群ごとの相関、群が生徒の生活環境や遺伝子構造のように、実際はさらに調べてみないとわからないような場合には、全体としての相関が

問題となるでしょう。

● 数式を用いて集団レベルと個人レベルを考える

表2 の数値の違いを理解するために数式を用います。群が G 個あり、第 g 群のサンプルサイズを $n^{(g)}$ とし、全体でのサンプルサイズを $n = n^{(1)} + \cdots + n^{(G)}$ とします。そして、第 g 群での第 i 番目のデータを $\left(x_i^{(g)}, y_i^{(g)} \right)$ と表しましょう $\left(g = 1, \ldots, G; i = 1, \ldots, n^{(g)} \right)$。各群および全体での平均を

$$\overline{x}^{(g)} = \frac{1}{n^{(g)}} \sum_{i=1}^{n^{(g)}} x_i^{(g)}, \quad \overline{y}^{(g)} = \frac{1}{n^{(g)}} \sum_{i=1}^{n^{(g)}} y_i^{(g)}$$

$$\overline{x} = \frac{1}{n} \sum_{g=1}^{G} \sum_{i=1}^{n^{(g)}} x_i^{(g)} = \frac{1}{n} \sum_{g=1}^{G} n^{(g)} \overline{x}^{(g)}, \quad \overline{y} = \frac{1}{n} \sum_{g=1}^{G} \sum_{i=1}^{n^{(g)}} y_i^{(g)} = \frac{1}{n} \sum_{g=1}^{G} n^{(g)} \overline{y}^{(g)}$$

としたとき、全体での**偏差積和**（両群のデータから各平均値を引き算した偏差同士の積の和）は、

$$\begin{aligned}
&\sum_{g=1}^{G} \sum_{i=1}^{n^{(g)}} (x_i^{(g)} - \overline{x})(y_i^{(g)} - \overline{y}) \\
&= \sum_{g=1}^{G} \sum_{i=1}^{n^{(g)}} (x_i^{(g)} - \overline{x}^{(g)})(y_i^{(g)} - \overline{y}^{(g)}) + \sum_{g=1}^{G} n^{(g)} (\overline{x}^{(g)} - \overline{x})(\overline{y}^{(g)} - \overline{y})
\end{aligned} \tag{6}$$

となることが示されます。（6）の左辺を $n - 1$ で割ったものが、（1）の共分散になります。

式（6）の右辺は、第1項が各群内における偏差積和（各データからその群の平均を引いた偏差同士の和）、第2項が各群の平均値に関する群間の偏差積和（各群の平均から全体の平均を引いた偏差の和）となっています。

式（6）の右辺第1項の第 g 群に関する偏差積和 $\sum_{i=1}^{n^{(g)}} (x_i^{(g)} - \overline{x}^{(g)})(y_i^{(g)} - \overline{y}^{(g)})$ を $n^{(g)} - 1$ で割ったものが、第 g 群における共分散（相関係数の分子）になります。

関係式（6）から、右辺第1項の群ごとの偏差積和が負になっても、第2項の平均値間の偏差積和部分が正で大きければ、全体として正の値を取る

ことになります。これが **図5** の状況です。また、平均値に関する相関を考えるということは、(6) の右辺における第2項のみを取り上げ、第1項すなわち個人レベルでのデータのばらつきを無視していることに相当します。

図3 のように、2変量が共に連続的である場合に、集計データすなわち集団レベルでの相関があったとしても、それはその集団レベルでの相関なのであって（**図3** では県の間の差）、個人レベルで何がいえるのかを表してはいません。すなわち **図3** からは、ある生徒のインターネットの利用時間の長短は**その生徒の**学力試験の成績とは無関係であるとは必ずしも言い切れないのです。逆に、集計レベルでの相関が高くても、それは個人レベルでのデータのばらつきを無視していますので、個人レベルでも相関が高いとは必ずしも言い切れません。もしかしたら、**図5** のように負の相関を持つかもしれないのです。

では、**図3** あるいは **図4** (a)、**図5** (a) のように集計データとして集団レベルでの相関しか得られない場合に、個人レベルでの相関について何かいえるのでしょうか。この問題は特に社会科学において古くから提起されて、様々な議論がなされていますが、**図4** および **図5** を見れば明らかなように、全体としての相関が正であっても群ごとの相関が負である例も簡単に作れますので、純粋に統計的あるいは数学的な見地からは、「個人に関するデータを分析する他はない」としかいえません。

ただし、例えば昔のデータで集計値しか得られておらず個人データが失われているといったように集団レベルでの結果しかないときに、その中で部分的に個人のデータが得られている場合、例えば青森県と茨城県だけでは個人レベルのデータが得られているというような場合に、その個人レベルの情報を集団レベルの情報にいかに加味して全体の個人レベルの情報を得たらよいか、という研究は行われています。

🔹 3.2.3 比率のデータ

次に、**図1** あるいは **図2** のような比率のデータについて考えてみます。**図1** の教師と生徒の英語力を例にとって説明します。

表3 は第i県において、教員の英語力の有無と生徒の英語力の有無の確

率を各セルとして表にしたものです。すなわち、pは英語力有の教員に教わった生徒が英語力有である（条件付き）確率、rは英語力無の教員の教わった生徒が英語力有である（条件付き）確率です。記号では$p = P$（生徒英語力有｜教師英語力有）、$r = P$（生徒英語力有｜教師英語力無）となります。

表3 教員と生徒の英語力の有無の条件付き確率

	確率	生徒		
	分類	英語力有	英語力無	計
教員	英語力有	p	$1-p$	1
	英語力無	r	$1-r$	1

　我々の真の興味はpとrの比較で、$p > r$であれば教員の英語力が生徒の英語力に関係するといえるでしょう。では、**表1**から計算される比率は**表3**でいうどの部分なのでしょう。北海道を例にとって示したのが**表4**です。

表4 教員と生徒での比率（北海道）

	北海道	生徒		
	分類	英語力有	英語力無	計
教員	英語力有			0.497
	英語力無			0.503
	計	0.352	0.648	1

　教員での英語力有の比率（教員比率）は0.497で、生徒の英語力有の比率（生徒比率）は0.352でしたが、それらは**表4**の周辺部での比率となり、**表3**で見た肝心のセル部分での比率の情報ではありません。すなわち、**図1**の元となったデータは、**表4**のような周辺部分のみの情報の表が47個分であった訳です。

　図2の選挙のデータですと、我々が知りたい情報は**表5**におけるH26での投票行動ごとのH29に関する投票行動の条件付き確率$p = P$（H29に投票｜H26に投票）と$r = P$（H29に投票｜H26に棄権）です。

表5 H26とH29の選挙での投票率

	確率	H29		
	分類	投票	棄権	計
H26	投票	P	$1-p$	1
H26	棄権	R	$1-r$	1

　それに対し、得られているデータは、例えば北海道ですと表6のようです。ここでも表4と同様、表の周辺部分の情報しかありません。

表6 H26とH29の投票行動（北海道）

北海道		H29		
	分類	投票	棄権	計
H26	投票			0.564
H26	棄権			0.436
H26	計	0.603	0.397	1

3.3 問題の定式化とパラメータの推定

3.2で、我々が真に興味あるパラメータは、**表3** あるいは **表5** のpおよびrであることを見ました。それに対し、得られているデータは **表4** あるいは **表6** の表の周辺部分のみです。これらの周辺部のデータからセル部分のpおよびrの値の推定はできるのでしょうか。一見不可能のように見えますが、pおよびrにある種の仮定を置くことによりそれが可能になります。

3.3.1 選挙の投票率の例

ここではまず、**表5** の選挙の投票率を例にとって説明します。**図1** と **表3** の英語力の問題では追加的な仮定を必要としますので、投票率の分析の後で扱います。

表5 において、第i県における条件付き確率をp_iおよびr_iとします（$i = 1, \ldots, 47$）。このp_iおよびr_iには次の3つの状況が考えられます。

(i) p_iおよびr_iはiごとにすべて異なる。

(iii) p_iおよびr_iはiによらずすべて等しくpおよびrである。

(iii) p_iおよびr_iはiごとに異なるが何らかの法則に従う。

これらのうち（i）ですとp_i、r_iの推定はできません。すなわちここで分析はストップしてしまいます。p_i、r_iの推定に必要な情報が得られていないからです。できないことをできるというのは科学的な態度ではありません。しかし、できないことはできないと指摘するのも確かに必要なことでしょうが、**何らかの方策を見つけるのがデータサイエンティストに望まれていることでもあります。**

ここでは（ii）のpとrはiによらず一定で、全国で同じ値であることを仮定して分析をしてみましょう。

第i県において、H26に投票した人の比率をX_iとし、H29に投票した人の比率をY_iとします。これらX_iとY_iの値は **表6** の北海道のように県ごと

に得られています。pとrはiによらず同じと仮定していますから、X_iとY_iの関係は 表7 のようになります。

表7 H26とH29の投票行動（pとrは一定）

	第i県	H29		
	分類	投票	棄権	計
H26	投票	pX_i	$(1-p)X_i$	X_i
	棄権	$r(1-X_i)$	$(1-r)(1-X_i)$	$1-X_i$
	計	Y_i	$1-Y_i$	1

すなわち、

$$Y_i = pX_i + r(1-X_i) \quad (i = 1, \dots, 47) \tag{7}$$

です。(7) を変形すると

$$Y_i = r + (p-r)X_i \quad (i = 1, \dots, 47) \tag{8}$$

となります。この式 (8) は、X_iからY_iを予測する回帰式$Y_i = a + bX_i$におけるy切片を$a = r$とし、傾き（回帰係数）を$b = p - r$としたものとなっています。すなわち、 図2 の(X_i, Y_i), $i = 1, \dots, 47$のデータから回帰直線$y = a + bx$を求め、

$$r = a, \; p = b + a \tag{9}$$

とすればよいことになります。回帰式 (8) は、最初の提唱者の名前を取って**Goodman回帰**と呼ぶこともあります。

図2 のデータから回帰式を求めると、

$$y = 10.78 + 0.84x$$

となります。 図2 はパーセント表示であることを鑑みると、 表5 の目的とするパラメータの推定値は (9) より

$$r = 0.1078, \; p = 0.84 + 0.1078 = 0.9478$$

と得られます。すなわち、H26に投票した人の約95%がH29にも投票し、H26に棄権した人の約11%がH29に投票したという結論になります。

● 結果の妥当性のチェック

結果が得られたらそれで終わりという訳ではなく、結果の妥当性をチェックしなくてはなりません。H26の投票率の全国平均は53.68%で棄権率は46.32%ですので、上記の結果からはH29の投票率は、

$$0.9478 \times 0.5368 + 0.1078 \times 0.4632 = 0.5587$$

と予測されます。実際のH29の投票率は52.66%であることがわかっていますので、若干の過大評価になっているようです。

その理由は、rの値すなわち回帰式（9）の定数項（y切片）の推定値の不確実性にあります。y切片は$x = 0$のときのyの値ですが、$x = 0$すなわちH26の投票率が0のときの値というのは意味がありませんし、xのデータの範囲は0.45から0.6程度ですので、y切片の値はxのデータのない場所での外挿（すなわち、xとして実際に観測されたデータの外のxでのyの値を求めようとしている）となり、推定が悪くなっています。

今一つの理由は、有権者の変化です。H26からH29への間には死亡により有権者が減少した一方、新たに有権者となった人が増えました。特にこの期間中に選挙権年齢が20歳から18歳に引き下げられ、H29の選挙が選挙権年齢を18歳とした最初の選挙であることが挙げられます。選挙権年齢の改定に伴う投票率の変化は、ここでのデータから分析するのは無理で、そのためのデータを必要とします。このようなデータの背後にある情報を考えながらデータ分析をしなくてはなりません。

🎲 3.3.2　教員と生徒の英語力の例

次に 図1 および 表3 の英語力のデータを扱います。選挙データでは、多少の入れ替えはあるものの、2変量（x, y）のxとyは共に有権者を表していました。それに対し、英語力データではxは教員、yは生徒と異なる属性の人を表しています。したがってこのデータの分析には追加的な仮定が

必要となります。その仮定は、教員（x）と生徒（y）の組み合わせにシステマティックな差異がないということです。

　すなわち、英語力有の教員に英語力がありそうな生徒を割り当てたり、あるいは英語力のある教員に大勢の生徒を割り当てたりはしていないということです。実際は多少なりともあるかもしれませんが、データは県単位の日本全体ですので、気にするほどではないと考えられます。

　図1 のデータから回帰分析を行った結果、回帰直線は、

$$y = 0.27 + 0.14x$$

でした。

　これより **表3** のpとrを求めると、関係式（9）より、

$$r = 0.27, \ p = 0.27 + 0.14 = 0.41$$

となります。すなわち、英語力無の教員に教わるより英語力有の教員に教わったほうが、生徒も英語力有となる確率が$p - r = b = 0.14$だけ上がるという結果となります。

● パラメータ値があるべき範囲を超えてしまう場合

　3.3.1 と **3.3.2** で述べた2つの例では、パラメータの推定値が$(0, 1) \times (0, 1)$の間に収まり、それなりに説明のつく値となりました。しかし、データセットによっては、パラメータ値があるべき範囲を超えてしまうことがよく起こります。特に、X_iのばらつきが小さい場合、およびここでの **図3** のようにX_iの値が0から離れている場合、すなわちy切片$r = a$の推定が外挿になってうまくいかない場合には、不適当な推定値が得られやすくなります。

　そこで様々な工夫が加えられました。そのうちの（有力な）1つがパラメータp_iおよびr_iに何がしかの条件を加える上記の状況（iii）です。それについては統計学的にやや高度な内容を含みますので、次節で扱うことにします。

3.4 統計手法の概説（単回帰分析と エコロジカル・インファレンス）

前節までで議論した集計データの分析は<u>エコロジカル・インファレンス</u>（ecological inference）と総称されることもあります。エコロジカルといっても生態学とはあまり関係がありません。また、生態学的推測という訳語も誤解を招きかねないため、エコロジカル・インファレンスという英語を訳さずにそのまま使っています。ここでは、前節までで出てきた回帰分析について解説したのち、エコロジカル・インファレンスの1つの方法を述べます。

3.4.1 単回帰分析

2変量 (x, y) に関する n 組の観測データ $(x_1, y_1), \ldots, (x_n, y_n)$ において、x から y を予測する回帰直線 $y = a + bx$ は、データの散布図で各データ点から y 軸方向に平行に測った2乗距離が最小となるという意味で最もよく近似する直線でもあります。a と b の値は **3.2** の（4）で与えられます。

回帰直線の元となるモデル（単回帰モデル）は

$$Y_i = \alpha + \beta x_i + \varepsilon_i \quad (i = 1, \ldots, n) \tag{10}$$

です。ここで、ε_i は通常は正規分布 $N(0, \sigma^2)$ に従うと仮定される確率変数、α と β は未知の定数（パラメータ）です。ε_i の期待値は0、すなわち記号で $E[\varepsilon_i] = 0$ と想定されていますので、$E[Y_i] = \alpha + \beta x_i$ となります。つまり回帰直線は、x_i の値を所与としたときの（条件付きの）期待値を与える直線ということができます。そしてデータから計算した a と b はそれぞれ α と β の推定値と見なされます。確率変数 Y_i の実測値が y_i です（$i = 1, \ldots, n$）。

3.4.2 エコロジカル・インファレンスの一手法

次にエコロジカル・インファレンスの1つの手法について述べます。**3.3** の（iii）の p_i、r_i が何らかの法則に従うとした手法です。

式 (7) の $Y_i = pX_i + r(1 - X_i)$ を変形すると、

$$r = \frac{Y_i}{1-X_i} - \frac{X_i}{1-X_i}p \quad (i = 1, \ldots, 47) \tag{11}$$

となります。(X_i, Y_i) はデータで与えられていますし、$0 \leq p, r \leq 1$ ですので、(11) は正方形 $(0,1) \times (0,1)$ 内の線分を表します。第 i 県の p と r は未知ですが、関係式 (11) の線分上のどこかにあるといえます。

線分 (11) をこの分析法の提唱者の G. King にならって**トモグラフィーライン**といいます。

● トモグラフィーラインの例

表4 の北海道では、$X_1 = 0.497$、$Y_1 = 0.352$ ですので、(11) は

$$r = 0.700 - 0.988p$$

となり、$0 \leq p, r \leq 1$ の範囲を考慮して図示すると、**図6** のようになります。p と r の真値はわかりませんが、**図6** の線分上の値であれば、モデル (7) を想定した場合、観測された (X_1, Y_1) の値と矛盾しません。

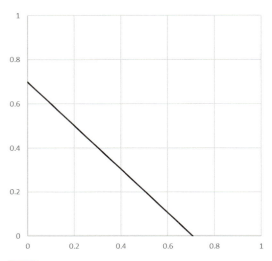

図6 北海道のトモグラフィーライン

図1 のデータを用いてすべての県のトモグラフィーラインを描くと 図7 のようになります。

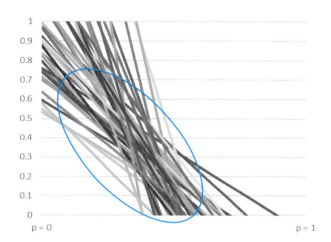

図7　47都道府県のトモグラフィーライン

● 2次元確率分布

　各県の(p_i, r_i)は、それぞれの県を特徴付けるパラメータであり、すべて同じ値であるとは限りません。しかし、県ごとに全く独立に異なる値を取るとも思えません。何がしかの秩序の下に分布していると考えるのが自然でしょう。そこで、それぞれの(p_i, r_i)は、ある2次元確率分布$f(p, r)$に従うと想定します。どのような分布が考えられるのでしょうか。

　最も自然で扱いやすい分布は、**2次元正規分布**です。ただし、分布の存在範囲は$(0, 1) \times (0, 1)$の正方形内に限定されていますので、正確にいうとトランケートされた（その存在範囲が限定された）2次元正規分布ということになります。

　そして、各県のパラメータ値はそれぞれのトモグラフィーライン上にあるとの条件の下で、トランケートされた2次元正規分布のパラメータ（5つあります）を推定します。図7 に描き入れた楕円は、推定した2次元正規分布の形状を表しています。ちなみに、2次元正規分布のパラメータの推定のためのソフトウエアは公開されていますので、それを用いることができます。

2次元正規分布以外の分布としては、分布の存在範囲が正方形内であることから、**2次元のベータ分布**という分布が想定されることもあります。

● データサイエンスに求められるスキル

図7 のようなトモグラフィーラインとそれに対応して想定される2次元分布を考えるということは、**3.3**で述べたパラメータ (p, r) がすべて同じであるという制約条件の強いモデルの条件を緩めたものとなっています。すべての (p, r) が独立に分布するとした場合には、**3.3**で述べたように、パラメータの推定はできないので、何らかの制約条件を課したモデルを想定する必要があります。ところが、もちろんモデルを想定するだけでは不足で、モデルを実用に供するためには、具体的な計算方法も提案しなくてはなりません。データサイエンスのためには色々なスキルが必要となります。

CHAPTER

4

Webコンテンツの更新は
売上高に効果があるか
〜変量間の関係と重回帰分析〜

第4章の内容

　インターネットで商品を販売するには、ホームページ上でディスプレイされた商品の情報を、ある程度定期的に更新する必要があります。しかし、頻繁な更新は手間暇がかかります。

　そこで、商品情報の更新回数がどの程度商品の売上に寄与するかを、過去のデータを使って評価を試みました。あるカテゴリーの商品30種につき、一定期間内での商品情報の更新回数「更新」と、その期間内でのアクセス回数「アクセス」を使って、商品の売上高「売上高」を予測するモデルを作成したところ、

$$「売上高」= -3.02 - 0.68「更新」+ 0.89「アクセス」 \quad (1)$$

と、「更新」の係数が負になりました。ということは、更新回数を増やすと売上が減少するのでしょうか。

　なお、「更新」と「売上高」の散布図は 図1 のようで、右上がりの正の相関があります。なお、散布図には回帰直線を加えました（詳細は後述）。

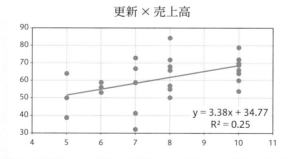

図1　「更新」と「売上高」の散布図

4.1 データの吟味と分析の目的

最初に本章で使用しているデータについて、概要を説明します。

4.1.1 本章で扱うデータについて

ここで扱う商品は衣料品で、色、サイズなどについて複数の種類が用意されています。30種類の商品につき、次の3種類の項目（変数）がデータとして得られました（**表1**）。いずれも四半期における値で、これらが分析の対象となります。

- 売上高（y）：当該商品の売上高。単位：万円
- 更新（x_1）：当該商品のWeb上でのディスプレイの更新回数。単位：回
- アクセス（x_2）：当該商品のWebページのアクセス回数。単位：百回

表1 「更新」、「アクセス」、「売上高」のデータ

ID	1	2	3	4	5	6	7	8	9	10	11	12	13	14	15
更新	5	5	5	6	6	6	7	7	7	7	7	8	8	8	8
アクセス	55	59	77	68	72	75	54	55	78	86	88	61	76	78	84
売上高	50	39	64	53	59	56	41	32	67	59	73	50	57	72	68

ID	16	17	18	19	20	21	22	23	24	25	26	27	28	29	30
更新	8	8	8	8	10	10	10	10	10	10	10	10	10	10	10
アクセス	84	86	90	93	80	82	85	86	87	87	89	89	90	92	95
売上高	55	72	66	84	70	54	70	66	68	60	79	69	72	64	72

目的変数は「売上高」で、記号ではyで表します。それに対し、Webページの更新回数「更新」は操作可能な**説明変数**、すなわち分析者側で任意に設定できる項目変数で、x_1で表します。また、「アクセス」は、Webページのアクセスログから提供される当該ページのアクセス回数です。分析者側で操作可能なものではありませんが、「売上高」の予測には欠かせない変数で、ここではx_2としています。

4.1.2 データの予備的な検討

表1 のような数字の羅列を見ていただけでは何もわかりません。**まず
は、得られたデータの予備的な検討が必要となります。統計的な分析に入
る前にデータの吟味を必ず行う習慣を身につけるべきです。**

表1 のデータの平均と標準偏差、および相関係数は **表2** の通りです
（各統計量の定義は後述します）。

表2 各変数の平均、標準偏差、相関係数

統計量	更新	アクセス	売上高
平均	8.07	79.37	62.03
標準偏差	1.74	12.05	11.81

相関	更新	アクセス	売上高
更新	1	0.660	0.498
アクセス	0.660	1	0.841
売上高	0.498	0.841	1

これらの値（**要約統計量**ともいいます）は、Excelに用意されている関
数で簡単に得られます。第2章で述べたものもありますが、それぞれの値
を計算する関数は以下の通りです。また、相関係数はまとめて、Excelの
「分析ツール」の「相関」でも一度に計算できます。

- 平均：AVERAGE
- 標準偏差：STDEV
- 相関係数：CORREL

図1 の「更新」と「売上高」の散布図に加えて、「アクセス」と「売上
高」、および「更新」と「アクセス」の散布図は **図2** の通りです。これら
の散布図もExcelで描くことができ、図に描き入れた回帰直線もExcelで
簡単に出力できます。回帰直線の解釈などは後述します。

散布図を見る限り、外れ値もなく、各変数ともほぼ左右対称に分布して
いて、2変量ごとの分布はおおむね楕円状になっている様子が見て取れま

す。ここで、表2の相関係数の値と図2の散布図との対応に注目してください。相関係数の値と散布図での2変量の関係の強さに関する大雑把な対応関係を身につけておくと、データ解析を行う上で極めて有用です。

目的変数の「売上高」に対し、「更新」も「アクセス」も右上がりの正の相関を持ちますが、相関は「売上高」と「更新」よりも（図1）、「売上高」と「アクセス」のほうが強く（図2（a））、相関係数も大きな値となっています。

また、「更新」と「アクセス」間にも強めの正の相関が見られる点を認識しておきましょう（図2（b））。

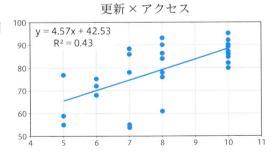

図2 「アクセス」と「売上高」、「更新」と「アクセス」の散布図

4.1.3　分析の目的

　ここが最も大事なところですが、分析の目的をはっきりさせておかなければなりません。データはあるのだけれども目的がはっきりしないのでは、それをどう料理してよいかがわかりません。**目的に応じて統計手法の選択が決まってきたり、得られた結果の解釈が変わってきたりします。**さらに重要な点ですが、**分析目的に応じてデータの取り方そのものが変わってきます。**

　ここでの分析の主目的は、「Webコンテンツの更新回数が売上にどのような効果をもたらすか」でした。できればそれを定量的に評価したい。すなわち、商品に関する情報の1回の更新によってどの程度の売上高の増加がもたらされるのかを知りたい、ということです。コンテンツの更新にはコストがかかりますから、そのコストに見合ったベネフィット（利益、効果）が得られるかどうかの意思決定の材料となる情報の取得が、分析の目的です。

　そのためには式（1）の意味を正しく理解しなければなりません。本章の冒頭で述べた次の内容は、正しい結論なのでしょうか。

- 統計ソフトで計算したら式（1）の結果が得られた。
- 「更新」の係数はマイナスになった。
- 更新の回数を増やすと売上高が減る訳だから更新はしないほうがいい。

　もしそうでないとしたらどこが間違っているのでしょう？　そして正しい結論はどのように導かれるのでしょうか？

　データサイエンティストとしては、その疑問に答えなければいけません。ここでは、直接的に関係する「更新」と「売上高」のデータに加えて、Webページのアクセス回数である「アクセス」のデータが得られている状況を想定しています。実際の場面では、「アクセス」以外に種々のデータが得られているのが普通でしょう。それらのデータをどう分析に取り込むかがデータサイエンティストの腕の見せ所です。複雑な状況でも分析の本質は変わりません。 表1 のデータを例に取り、**4.2**以降で統計的な分析のための基礎事項を説明します。

4.2 データ分析の基本的事項

4.1で述べたように、データが与えられたときはまず各変量の平均や標準偏差などの要約統計量を求め、ヒストグラムを描くなどのグラフ化するプロセスが欠かせません。1変量データの要約や図示に関する詳細は4.1に譲り、ここでは2変量（以上）のデータの扱いについて詳しく述べます。

3変量以上のデータでもそれぞれ2変量ごとの組が分析の基本となります。実際、多くの多変量データの分析手法では、3変量以上の組み合わせ効果を分析に取り入れることは稀で、2変量ごとの関係が分析の基本となります。

4.2.1 変量間の関係

一般に、n組の2変量データを$(x_1, y_1), \ldots, (x_n, y_n)$とします。**表1** は$n = 30$の場合で、例えば「更新」がここでの$x$、「売上高」が$y$となります。

2変量データの関係の強さを数値で表現したものが**相関係数**です。**表2** の下側の表は2変量ごとの相関係数を3×3の行列形式で表したもので、**相関行列**と呼ばれます。「更新」と「売上高」の相関係数は0.498ですが、この数値がどの程度の関係の強さを表しているかは、**図1** の散布図で確認してください。同様に、他の相関係数の値と **図2** の散布図での関係の度合いの対応関係も参考になります。

さて、ここからが本題です。2変量xとyとの関係にはどのようなものが考えられるでしょうか。関係の種類の分類にはいくつか考えられますが、3.2.1 で述べたように以下の3つに分類します。

（1）相関関係
（2）回帰関係
（3）因果関係

以下ではこれらを詳しく見ていきましょう。

4.2.2 相関関係

相関関係（correlation）は、原則として双方向的な関係、あるいは少なくとも明確な一方向的な関係が想定されない場合の関係です。

例えば、2つの商品AとBが、消費者の好みの移り変わりによって両方が売れる時期と両方が売れない時期があるとすれば、片方の売上高が大きいときはもう片方の売上高も大きいというような関係があり、これを**正の相関**があるといいます。逆にそれらの商品が競合関係にあって、片方が売れるときには片方が売れなくなる場合には、**負の相関**があるといいます。

いずれにせよ、Aの売上高がBの売上高に影響する、あるいはその逆という一方向的な関係ではありません。1年を通じての東京と名古屋の気温、身体測定における身長と体重、英語検定試験におけるlisteningとreadingの成績などの関係も相関関係です。

相関関係を図示すると 図3 のようになります。

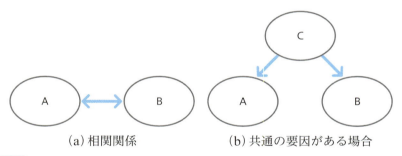

(a) 相関関係　　　(b) 共通の要因がある場合

図3 相関関係の図示

図3 (a) では、相関関係は双方向的ですので両側矢印で表しています。

それに対し 図3 (b) は、AとBの間には直接的な関係はないが共通の要因Cがあって、それらがAとBの両方に影響を与えている場合です。**偽相関**とも呼ばれることがあります。

Aが消防士の数、Bが火事の件数とすると、AとBの間には、火事が多い市町村では消防士の数も多いという正の相関がありますが、Cとして人口を考えるとAとBの相関が消えるというような場合です。このときは、Cの影響を何らかの形で消去しなくてはなりません。例えば、人口千人当たりの消防士数と火事の件数を分析の対象とするような工夫が必要です。

● 相関係数

相関関係の強さは、通常、**相関係数**で表されます。相関係数の定義については、**2.3.1**あるいは**3.2.1**を参照してください。

相関係数は2変量間の直線的な関係の強さを表す指標です。**図4**の2つの散布図は、どちらも両変量間に明らかな関係が見られます。しかし、回帰直線は横軸に平行になり、右上がりあるいは右下がりの直線的な関係は見られず、相関係数はほぼ0になります。

すなわち、2つの変量が無関係であれば相関係数は0になりますが、逆は真でなく、相関係数が0であるからといって両変量間に関係がないとは結論されません。

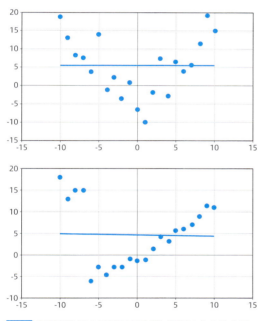

図4 相関係数は0だが両変量間に関係のある散布図

また、xを$x' = ax + b$、yを$y' = cy + d$と変数変換しても、$ac > 0$であればx'とy'の間の相関係数r'はxとyの間の相関係数rと同じである、というのも相関係数の特徴的な性質です。例えば、**2.2.4**でも述べたように、摂氏で表した気温x(℃)と華氏で表した気温x'(℉)の間の関係は、$x' = 1.8x$

+32ですので、2地点の気温を摂氏で表した場合と華氏で表した場合での
相関係数の値は同じになります。

4.2.3　回帰関係

　回帰関係（regression）は基本的に一方向的な関係で、必ずしも原因と
結果という因果関係（後述）を表さないけれども、片方からもう片方の予
測には使えるという関係をいいます。世の中は複雑ですから、一方向的に
見えて実はそうとも限らないという状況もあり得ることには留意しなくて
はいけませんが。

　本章の例では、Webページのアクセス数と商品の売上高の関係は、「ア
クセス」から「売上高」という一方向的な回帰関係です。ただし、過去の
売上高の増加が、消費者のその商品への興味を引き起こしてアクセス数に
影響を与えるという状況も想定できます。入学試験における模擬試験と本
番の試験の関係、為替レートと株価の関係なども回帰関係といってよいで
しょう。

● 回帰モデル

　変量xから変量yを予測する予測モデルを抽象的に式で書くと、

$$y = f(x) + \varepsilon \tag{2}$$

となります。ここで$f(x)$はxの何らかの関数で、εは$f(x)$では表現しき
れないyの変動を表す項です。最も簡単なモデルは、第3章で扱ったyを1
つの説明変数xで予測する単回帰モデル、

$$y = \alpha + \beta x + \varepsilon \tag{3}$$

です。αとβの値をデータから求めたものを、

$$y = a + bx \tag{4}$$

とします。**図1**〜**図3**には、散布図のデータから求めた回帰直線（4）の
式、ならびにR^2の値が描き入れてあります（R^2については**4.4**で説明し

ます）。一般に、モデル（2）に基づく分析法は、**回帰分析**（regression analysis）と総称されます。

説明変数 x は1変量とは限らず、実際問題では複数の変量を用いて y を予測することになります。説明変数が $x_1, \ldots, x_p$ と複数ある場合には、（3）を拡張して、

$$y = \beta_0 + \beta_1 x_1 + \cdots + \beta_p x_p + \varepsilon \qquad (5)$$

を考えます。これは**重回帰モデル**といい、各説明変数の係数 $\beta_1, \ldots, \beta_p$ は**偏回帰係数**とも呼ばれます。また、x の1次式ではなく多項式

$$y = \beta_0 + \beta_1 x + \beta_2 x^2 + \cdots + \beta_p x^p + \varepsilon \qquad (6)$$

を想定する場合もあります。（6）は（5）の特別な場合と見なされます。回帰分析の数理的側面を始めとする詳細は、**4.4** で説明します。

● 回帰分析の注意点

回帰分析の結果の示し方には注意が必要です。例えば、 図1 の「更新」（x）と「売上高」（y）における回帰式 $y = 34.77 + 3.38x$ では、「更新回数が1回多ければ売上高が（平均的に）3.38 だけ大きい」という結論になります。これを「更新回数を1回**増やせば**（平均的に）売上高が3.38 だけ**増加する**」といってよいかどうかには、注意深い検討が必要です。

図1 のデータは異なる30品目に関するものです。更新回数が少ない商品に比べて更新回数が多い商品の売上高は多くなる、とはいえるでしょう。しかし、同じ商品に関する更新回数を増やしたときにどうなるのかというデータは得られていません。説明変数 x の値を変化させたときに目的変数 y の値がどう変化するのかを見るためには、x と y の間の因果関係が必要です。**回帰関係は因果関係よりも弱い概念であり、回帰関係から因果関係を導くことは一般にはできません。**

4.2.4　因果関係

　最後に因果関係について解説します。**因果関係の確立**は、データサイエンスのみならず、すべての科学的研究や日々の実践における主な目的であるといっても過言ではありません。

　「因果関係とは何か」に関しては、昔から哲学や経済学など、多くの分野において多くの研究の蓄積があります。その中で、統計的因果推論の主導者であるHarvard大学のDonald B. Rubinはかつて、

　　" No causation without manipulation "（操作なくして因果なし）

といいました。すなわち、一般論はともかくとして統計的データ解析においては、人為的に操作ができるものを原因系（すなわち「原因」と「結果」での原因に相当するもの）とする因果関係のみを、その考察の対象にしようという立場です。

　例えば、ここで扱っているようなWebコンテンツの更新回数を増やせば商品の売上高がどうなるか、あるいは、薬を服用すれば風邪が治るか、夏期講習に通えば成績が伸びるか、というようなものが分析の対象となります。Webコンテンツの更新回数は増減させることが可能ですし、薬剤の服用をするかどうかも人為的に決められます。また夏期講習への参加の有無も、選択が可能です。

　逆に分析の対象としないものとしては、例えば性別による賃金の違いの分析や、国別のGDPの違いなどです。一般には（生物的な）性別は変えられませんし、国そのものを人為的に変えることはできません。

● 比較と統計的因果推論

　統計的因果推論の基本は**比較**です。人為的に操作できる原因系を一般に**処置**あるいは**処理**と呼びます。処置を施した群（**処置群**）と、処置を施さなかった群（**無処置群**）、もしくは比較対照となる標準的な処置を施した群（**対照群**）とで、結果に及ぼす影響の違いを定量的に評価するのが、統計的な因果推論の目的です。

　例えば、Webコンテンツの更新回数が少ない場合と多い場合の売上高の

比較、薬を服用した場合としなかった場合での風邪の治り具合の比較などです。ここで重要なのは、**処置群と対照群では処置の違い以外の諸条件はなるべく均一でなければならない**という点です。それらの諸条件が同じであるからこそ、処置の違いが明確に浮き彫りにされるのです。売れ筋と判断される商品のWebコンテンツの更新回数を増やす、風邪が治りそうな人にのみ薬を投与する、というようなデータの取り方では、比較すべき両群の性格が変わってしまうため、因果関係の確立はできません。

● 因果効果の確立とデータ

因果効果の確立では、データの取り方が決定的に重要です。Webコンテンツの更新回数の決定や処置群と対照群への被験者の振り分けを、「研究者の主観でできるだけ群間で均等になるように決める」というのは、一見よさそうに思えますが、必ずしもよいとは限りません。性別や年齢など目に見える条件を均一にすることはできるかもしれませんが、それ以外の目に見えない条件までもが均一になっているという保証はありません。

目に見えない条件までも均一にする唯一の方法は、ランダムに処置を選ぶことです。これを**無作為化**あるいは**ランダム化**（randomization）といいます。商品のWebコンテンツの更新回数をランダムに決める、被験者への薬剤の投与の有無をランダムに決める、商品の評価でモニターに提示する商品の順番をランダムに決める、などです。

完全にランダムでなくても、ランダムと見なしてよい場合もあります。例えば、学生をランダムに2群に分ける場合に、学生の学籍番号の偶奇で決めても問題はないでしょう。

また、結果に影響を及ぼすと予想される変量は人為的に平等になるようにした上でランダム化する、という方策もあります。これを、**層別ランダム化**といいます。例えば、全部で100人（男性60人、女性40人）を2群に分ける場合、男性をランダムに30人ずつに分け、女性をランダムに20人ずつに分ければ、両群での男女の人数は同じになります。しかし、100人を完全にランダムに50人ずつに分けた場合、男女の人数において両群間で不均衡が生じてしまうことになります。性別が結果に大きな影響を及ぼすことが事前に想定されるのであれば、層別ランダム化を選択すべきです。

● 因果関係の確立と昨今のデータ事情

4.2.3の最後では、図1の結果の解釈として、更新回数を**増やせば**売上高が**増加する**とは、一概にはいえないと述べました。では、更新回数が7回の商品と10回の商品とで、更新回数以外の条件、例えば商品の色やサイズあるいは値段などが同じだったらどうでしょう？ その場合には、更新回数を増やせば売上高が増加するという可能性がかなり大きくなります。回帰関係が因果関係に近づく訳です。すなわち、**因果関係の確立では、データの取り方が決定的に重要なファクター**になります。

　特に昨今では、データが既にありそれを分析する必要がある、という状況が多く出てきています。その際に、得られた結果を適切に解釈するためには、そのデータの素性、特にその取られ方についての情報が必要不可欠となります。

4.3 データの分析と解釈

ここでは、Excelの「分析ツール」を使って回帰分析をした場合の、結果の見方を説明します。

4.3.1 Excelを使った出力結果の見方

表1 のデータにExcelの「分析ツール」を適用して回帰分析した結果を **表3** に示します（散布図は **図1** を参照）。「更新」を説明変数とし、「売上高」を目的変数として、「分析ツール」の「回帰分析」を適用した結果です。

ただしここでは、Excelの出力そのままではなく、数字の桁数をそろえ、必要部分を抜粋しています。このような**出力の整形も結果のレポートでは不可欠です。**

表3 Excelによる回帰分析の出力

回帰統計	
重相関 R	0.5
重決定 R2	0.25
補正 $R2$	0.22
標準誤差	10.42
観測数	30

分散分析表

	自由度	変動	分散	分散比	有意F
回帰	1	1003.45	1003.45	9.24	0.001
残差	28	3039.52	108.55		
合計	29	4042.97			

	係数	標準誤差	t	P-値	下限95%	上限95%
切片	34.77	9.17	3.79	0.001	16.00	53.55
更新	3.38	1.11	3.04	0.005	1.10	5.66

表3 には多くの数値がありますが、それらはすべて統計的に意味のあるものです。詳しい解説は **4.4** に譲り、ここでは主要部分を取り上げます。

● 回帰直線

まず**回帰直線**は、表の3ブロック目の「係数」から $y = 34.77 + 3.38x$ となります。単回帰モデル（3）における α と β は、想定される母集団全体における未知のパラメータであり、それらを30組のデータから推定した値（（4）における a と b）が34.77と3.38になります。別の30組のデータが得られたとして同じような計算をすると、得られる計算値は多少変わってくることでしょう。

● *P*値

単回帰モデル（3）において、$\beta = 0$ であれば、x の値がどんなに変わっても y には何ら影響を及ぼさないことになります。その意味で $\beta = 0$ かどうかの判断は、極めて重要です。実際のデータから計算された値、すなわち回帰式（4）における b はデータセットごとに変わる訳ですから、b がどの程度大きければ β が0ではないという判断の目安が必要となります。その目安が同じ行にある「*P*-値」で、その値が小さいほど $\beta = 0$ でない証拠が強いと判断します。*P*値が0.05より小さいかどうかが1つの基準です（これを**有意水準**といいます）。 表3 では *P* 値 $= 0.005$ ですので、「更新」は「売上高」の予測に有用であると結論されます。

● 下限95%、上限95%

回帰係数 β が0かどうかだけではなく、それがどの程度の範囲内にある可能性が高いかを表したのが「下限95%」と「上限95%」の値です。ここで得られたデータからは、未知の β は95%の信頼度で $(1.10, 5.66)$ の範囲内にあることを示しています。この区間を**信頼係数95%の信頼区間**といいます。ここでは区間幅はかなり広くなっていますが、データが30組しかないので、ある程度は止むを得ません。**もっと精度がいい、すなわち区間幅が狭い結果を得るためには、さらに多くのデータを必要とします。**

重決定 R2、重相関 R

　説明変数「更新」は、目的変数「売上高」の変動のうちのどの程度を説明しているのでしょうか。それを示したのが 表3 の1ブロック目の「重決定 R2」です。ここでは $R^2 = 0.25$ ですので、「売上高」のデータの変動のうちの25%程度が「更新」によって説明されていると解釈されます。この R^2 を**決定係数**といいます。その上の「重相関 R」は決定係数の平方根で、**重相関係数**といいます。「補正 R2」については**4.4**で説明します。

有意 F

　そもそも想定された回帰モデルは有効か、すなわち、単回帰モデル（3）での係数 β、あるいは重回帰モデル（5）での偏回帰係数 $\beta_1, \dots, \beta_p$ がすべて0であるかどうかを判断するのが、2ブロック目の右端の「有意F」です。「有意F」の値が小さい場合に回帰式は有効である、すなわちすべての係数が0ということではなく、それらの中に0でないものがあると判断します。判断の基準は、ここでも0.05とするのが一般的です。単回帰モデル（3）では説明変数が1つしかありませんので、3ブロック目の「P-値」とここでの「有意F」の値とは同じになります。

表1 のデータを使った回帰分析のまとめ

　データが与えられた場合、Excelあるいは他の統計ソフトを使って 表3 のような出力を得るのは容易です。しかしそこで得られた結果を正しく解釈するためには、回帰分析に関する知識と経験が必要です。

　表1 のデータから次の4種類の回帰分析を行い、その結果から3ブロック目を抜き出したのが 表4 です。

　(a) 目的変数：売上高、説明変数：更新

　(b) 目的変数：売上高、説明変数：アクセス

　(c) 目的変数：売上高、説明変数：更新、アクセス

　(d) 目的変数：アクセス、説明変数：更新

　(a)、(b)、(d) はそれぞれ説明変数が1つですので単回帰分析、(c) は

説明変数が複数ありますので重回帰分析となります。また、切片はすべての説明変数の値が0のときの目的変数の値で、多くの場合、実際的な意味はほとんどありません。このため、以降の分析では回帰係数のみを対象とします。

表4 4種類の回帰分析の結果

y = 売上高	係数	標準誤差	t	P-値	下限 95%	上限 95%	重決定 R2	補正 $R2$
切片	34.77	9.17	3.79	0.001	16.00	53.55	0.25	0.22
更新	3.38	1.11	3.04	0.005	1.10	5.66		

y = 売上高	係数	標準誤差	t	P-値	下限 95%	上限 95%	重決定 R2	補正 $R2$
切片	-3.37	8.03	-0.42	0.678	-19.82	13.09	0.71	0.70
アクセス	0.82	0.10	8.23	0.000	0.62	1.03		

y = 売上高	係数	標準誤差	t	P-値	下限 95%	上限 95%	重決定 R2	補正 $R2$
切片	-3.02	8.11	-0.37	0.712	-19.67	13.63	0.71	0.69
更新	-0.68	0.93	-0.73	0.471	-2.59	1.23		
アクセス	0.89	0.13	6.62	0.000	0.61	1.16		

y = アクセス	係数	標準誤差	t	P-値	下限 95%	上限 95%	重決定 R2	補正 $R2$
切片	42.53	8.11	5.24	0.000	25.91	59.14	0.43	0.41
更新	4.57	0.98	4.64	0.000	2.55	6.58		

4.3.2 変量間の関係の吟味

　ここで取り上げた変量間の関係を見ておきましょう。**変数間の関係を知ることは、適切かつ妥当なデータ分析のためにはことさらに重要です。**データがあるから何でもモデルに入れようというのは、危険な態度です。

　「更新」は、Webページの更新回数で操作可能な変数であり、因果関係の原因系と捉えられるものです。「アクセス」は、「更新」によって影響を受ける可能性のある変数で、Webページの更新回数を増やせばそれだけアクセス数が多くなる可能性があります。ただし、アクセス数の操作はでき

ませんので、単なる観測変数です。「売上高」は結果変数で、「更新」によって影響を受けると同時に、「アクセス」によっても影響を受ける変数です。

この関係を図示すると 図5 のようになります。「アクセス」は、「更新」によって影響を受け、それ自身が「売上高」に影響を及ぼす中間変数となっています。すなわち、「更新」から「売上高」に至る因果的なパス（道筋）は「更新」から「売上高」に至る直接的なパスと「更新」から「アクセス」を経由して「売上高」に至る間接的なパスの和となっています。

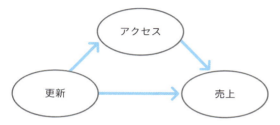

図5 各変数間の関係

図5 を足がかりにして、分析目的に応じた適切な手法の選択を行いましょう。回帰分析における分析の目的は大きく分けて、下記があります。

（ⅰ）　説明変数xが目的変数yに与える影響の定量的評価
（ⅱ）　説明変数xを用いての目的変数yの予測

（ⅰ）では、その効果を見たい説明変数以外の他の変数に関するデータが得られているでしょうし、（ⅱ）では、説明変数は1つというより複数あるのが普通でしょう。

まず（ⅰ）の説明変数xのyに与える効果の評価について見ていきます。単回帰モデル（3）であれば、xの効果はβの値で表されます。実際の計算値では（4）のbです。「売上高」（y）と「更新」（x）との単回帰分析では、表3 より、

$$y = 34.77 + 3.38x \tag{7}$$

であり、$b = 3.38$のP値は0.005と小さな値ですので、「更新」は「売上

高」に対して関係があり、「更新」が1回多いと「売上高」が平均的に3.38だけ多いと結論されます。ただし、95%信頼区間は$(1.10, 5.66)$ですので、「更新」の効果は1.10程度かもしれませんし、逆に5.66くらいになるかもしれません。

また、この数字を因果関係として捉えて商品の更新回数を増やすことで売上高の増加が見込まれるかどうかの判断の是非は、よく考えなくてはいけません。

4.3.3　モデル選択

単回帰分析の結果の解釈は比較的容易ですが、重回帰分析の結果はそうではありません。「売上高」(y) に対する「更新」(x_1) と「アクセス」(x_2) を説明変数とした重回帰式は、

$$y = \beta_0 + \beta_1 x_1 + \beta_2 x_2 \tag{8}$$

です。データから計算した重回帰式は、表4 の3ブロック目で示したように、

$$y = -3.02 - 0.68 x_1 + 0.89 x_2 \tag{9}$$

となります（本章の最初に述べた (1) です）。x_2の係数は0.89と正で、「更新」(x) から「売上高」(y) への単回帰式 (7) のxの係数3.38も正ですが、(9) のx_1の係数は負の値です。表4 の3ブロック目の「更新」の係数$b_1 = -0.68$のP値は0.471と大きな値ですので、重回帰モデル (8) における係数β_1が0であるという仮説は否定されません。では、$\beta_1 = 0$で「更新」は「売上高」に影響を及ぼさないのでしょうか。これは、単回帰分析の結果と矛盾するようです。

● 重回帰式における偏回帰係数の解釈

矛盾を解決する前に、重回帰式における偏回帰係数の解釈について述べておきます。簡単化のため、説明変数が2つの (8) で説明します。

x_1の係数β_1は、もう1つの変量x_2がyを説明した残りに対してx_1が説明

できる部分を表しています。また、y に対する x_2 の影響を除去した後での x_1 の y に対する説明力、あるいは x_2 を与えた下での x_1 の条件付き説明力ということもできます。すなわち β_1 の解釈は、x_2 として何を選択したのかに依存し、決して x_1 単独の効果を表す訳ではありません。したがって、効果を見たい x_1 以外の変量として何を選択すべきかという問題が生じます。

結論をいえば、x_1 の影響を受けるいわゆる**中間変数はモデルに取り込んではならない**のです。すなわち、「売上高」に対する「更新」の影響を見たい場合には、「アクセス」をモデルに取り込むべきではありません。したがって、(9) における $b_1 = -0.68$ の解釈は妥当性を持ちません。これは b_1 の有意性の評価、すなわち P 値の大きさとは無関係で、モデルの妥当性の話です。

● 共変量、交絡因子

重回帰モデルに取り込んでいい変数は、x_1 と相関はあったにしても x_1 から影響を受けない変数です。これを一般に**共変量** (covariate) といいます。例えば、商品の値段の情報があった場合には、「値段」(x_3)をモデルに取り込んで重回帰式を $y = \beta_0 + \beta_1 x_1 + \beta_3 x_3$ とするのは妥当性を持ちますし、場合によっては望ましくもあります。この場合の β_1 は、商品の値段の影響を除いた後での Web ページの更新回数が売上高に与える影響、と解釈されます。

視点を変えて、「アクセス」(x_2)が「売上高」(y)に与える影響を評価したいとします。「アクセス」は操作可能な変数ではありませんから、因果的な関係は想定できず、回帰関係の評価となります。この場合の単回帰式は **表4** の第2ブロックから

$$y = -3.37 + 0.82 x_2 \tag{10}$$

となります。アクセスが1単位大きいと売上が0.82だけ大きいという結論になります。

ここで、**図5** からは、「更新」が「アクセス」と「売上高」の両方に影響を及ぼす要因となっていることがわかります。**図3** (b) と類似の構図です。このような変量は、**交絡因子** (confounding factor) といい、その

影響は除去すべき性質のものです。交絡因子の影響を除去する1つの方法として、それをモデルに取り込むことが挙げられます。すなわち、「アクセス」が「売上高」に及ぼす影響を見たい場合のモデルとしては（8）の重回帰モデルが妥当であり、計算結果（9）における「アクセス」の係数$b_2 = 0.89$が「更新」の影響を除去した「アクセス」の影響度となります。（10）における係数0.82よりも、若干大きくなっています。

● 予測精度の向上

次に、回帰分析の目的の（ii）のyの予測について考えてみます。予測の目的は、当然ですが予測精度の向上です。予測精度が向上するのであれば、使えるデータはなるべく使ったほうがいい。すなわち、予測モデル（5）にはなるべく多くの変量を取り込んだほうが望ましいのです。ただし、あまりに多くの変量を取り込み過ぎるのも禁物で、既存のデータでの予測精度はよいが新しいデータを用いての予測はうまくいかないという、いわゆる**過学習**（over fitting）の問題が生じます。

予測では、モデルにおける偏回帰係数の解釈は一般に行いません。しかし解釈することは可能です。その場合には、**偏回帰係数が他の変数が与えられた下での条件付きの値であることを忘れてはなりません。**また、**どの時点で何を用いて予測するかの見極めも重要です。**例えば、当期の為替レートから当期の株価を予測するのはナンセンスで、予測するのは次期の株価でなくてはなりません。

ここでの「売上高」の予測式として単回帰式（7）と重回帰式（9）とを比較してみましょう。予測モデルとしてのよさを測る尺度として、**表3**の1ブロック目あるいは**表4**の最後の列に示した「補正$R2$」を用います。

表4より、「補正$R2$」の値は、単回帰式（7）では0.22で、重回帰式（9）では0.69です。すなわち、重回帰式（9）のほうが格段に予測精度がよいことになります。しかしここで注意すべきは「アクセス」を予測モデルに取り入れている点です。よって当然ですが、Webページへのアクセス数のデータがないと予測ができず、この予測モデルはアクセス数のデータが得られた段階のものということができます。その段階での予測であれば、x_1の係数が負になるかどうかは気にしません。機械学習の手法での予測のように、ある意味でブラックボックスでもよい訳です。Webコンテン

ツを更新した直後の予測では、当然「アクセス」のデータはありませんから、単回帰式（7）で予測せざるを得ません。

　以上まとめて、**「更新」が「売上高」に及ぼす影響を見たい場合には（7）の単回帰式の** x **の係数、「アクセス」が「売上高」に及ぼす影響を見たい場合には重回帰式（9）の** x_2 **の係数、「売上高」の予測であれば、予測時期に応じて単回帰式（7）もしくは重回帰式（9）を用いるのが妥当といえます。**

4.4 統計手法の概要（重回帰分析）

ここでは、4.3までで扱った重回帰分析について、その数理的な構造を含め、詳しく説明します。

4.4.1 重回帰分析のモデル

目的変数yに対し、説明変数が$x_1, \ldots, x_p$とp個ある場合の重回帰分析のモデルは、

$$Y = \beta_0 + \beta_1 x_1 + \cdots + \beta_p x_p + \varepsilon \tag{11}$$

です。ここで、$x_1, \ldots, x_p$はある与えられた、あるいは観測された値、εは$\beta_0 + \beta_1 x_1 + \cdots + \beta_p x_p$では捉えきれない目的変数の変動を表す項で、確率的な変動を示す確率変数と見なされるものです。すなわち、目的変数の値は、モデルの構造を表す部分$\beta_0 + \beta_1 x_1 + \cdots + \beta_p x_p$と、偶然変動と見なされる部分$\varepsilon$との和として表現します。$\varepsilon$を確率変数と見なしていますので、目的変数も確率変数となり、ここではそれを明示的に示すために大文字Yで表しています。

また、$x_1, \ldots, x_p$は観測変数そのままではなく、それらを変数変換したものであるかもしれません。観測変数のべき乗や対数変換、あるいは複数の変数を組み合わせて指数化したものなどを説明変数とすることもあります。

実際のデータは複雑な変動を示していて、変数変換などの工夫をしても、説明変数$x_1, \ldots, x_p$の一次結合だけでは表現できないでしょう。すべての変動要因をモデル化するには、極めて多くの変数と複雑な関数形を必要とします。もしモデル化ができたとしても、それは複雑過ぎて実用とは程遠いはずです。それよりも、**目的変数の変動のうちの主要部分を** $\beta_0 + \beta_1 x_1 + \cdots + \beta_p x_p$ **とモデル化し、それでは表現できないすべての要因を** ε **に押し込めてしまうほうが、当該現象の理解に通じ、近未来予測などの**

ためには有用です。

すなわち重回帰モデル（11）は、あらかじめ定められたものではなく、データ分析に携わる研究者、データサイエンティストが、自らの責任において構築すべきものなのです。現象をうまく捉えていて、しかもその解釈が容易な比較的簡潔なものがよいモデルといえるでしょう。そのためには適切な説明変数の選択と変数変換が必要となります。

● 重回帰分析モデルの仮定

全部でn個の個体に対し、説明変数の値が$\left(x_{i1}, \ldots, x_{ip}\right)$と与えられているとします$\left(i = 1, \ldots, n\right)$。第$i$個体の$\varepsilon$を$\varepsilon_i$とすると、重回帰モデルは

$$Y_i = \beta_0 + \beta_1 x_{i1} + \cdots + \beta_p x_{ip} + \varepsilon_i \quad (i = 1, \ldots, n) \tag{12}$$

となります。$p = 1$の場合が、**第3章**で扱った単回帰モデルです。

偶然変動項には以下の仮定を置きます。

(i) 期待値はすべて $0 : E\left[\varepsilon_i\right] = 0 \quad (i = 1, \ldots, n)$

(ii) 分散はiによらず一定 $: V\left[\varepsilon_i\right] = \sigma^2 \quad (i = 1, \ldots, n)$

(iii) $i \neq j$のとき、ε_iとε_jは互いに独立$(i, j = 1, \ldots, n)$

(iv) ε_iは正規分布に従う

これらは次のような意味を持ちます。

まず、ε_iは偶然変動と見なされるというより、分析者が自らの責任においてそう見なす項である、との認識が重要です。偶然変動ですから、0を中心にばらつくという（i）は自然な要請です。すべてのε_iが0でない値を中心にばらついていたり、あるいはばらつきの中心が個体iごとに異なったりするのであれば、それは既に偶然的なばらつきとはいえませんので、その値をモデルに取り込まなくてはいけません。

同様に（ii）についても、ばらつきの大きさが個体iごとに異なるのであれば、それを解消する手立てを考えるべきです。変数変換がこの場合の選択でしょう。

（iii）の独立性は、データの取り方に依存します。独立性を担保するデー

タの取り方が望まれますが、データが時間を追って取られるような時系列解析では、独立性が成り立たないことが多くあります。その場合は、別の分析法を適用する必要が出てきます。

（iv）の正規性も重要な要請です。ε が偶然的な変動を表すとは、そこには顕著な構造は既にないものと見なすことに他なりません。正規分布は別名誤差分布とも呼ばれ、構造を何も持たない分布と見なされます。したがって、ε が正規分布でないということは、そこにまだ何かデータの特徴を表す構造が残っていることを意味するので、その構造をモデル化する方策を考えなくてはいけません。

● モデル化が妥当であるかどうかの判断

以上の議論でわかるように、上記の（i）～（iv）は与えられた仮定というよりは、それを達成するようにうまく $\beta_0 + \beta_1 x_1 + \cdots + \beta_p x_p$ の部分をモデル化するための道標と捉えるべきです。

モデル化が妥当であるか否かは、上記（i）～（iv）の吟味により判断されます。その場合、（ii）と（iv）はデータによる吟味が比較的容易ですが、（i）はほとんど不可能です。（iii）については、無相関性の吟味はできますが、独立性の評価はデータからはできません。データの取得法にかかってきます。

🔷 4.4.2 ベクトルと行列表示

重回帰モデルとその下での統計解析法は、説明変数の数 p が大きいと、数式で表すのが困難で、ベクトルと行列の記法を必要とします。やや高度な内容ですが、結果だけ示しておきます。

ベクトルと行列を、

$$Y = \begin{pmatrix} Y_1 \\ Y_2 \\ \vdots \\ Y_n \end{pmatrix}, \quad X = \begin{pmatrix} 1 & x_{11} & \cdots & x_{1p} \\ 1 & x_{21} & \cdots & x_{2p} \\ \vdots & \vdots & \vdots & \vdots \\ 1 & x_{n1} & \cdots & x_{np} \end{pmatrix}, \quad \beta = \begin{pmatrix} \beta_0 \\ \beta_1 \\ \vdots \\ \beta_p \end{pmatrix}, \quad b = \begin{pmatrix} b_0 \\ b_1 \\ \vdots \\ b_p \end{pmatrix}, \quad \mu = \begin{pmatrix} \varepsilon_1 \\ \varepsilon_2 \\ \vdots \\ \varepsilon_n \end{pmatrix}$$

と定義すると、重回帰モデル（12）および偶然変動項に関する仮定は、

$$Y = X\beta + \varepsilon, \ \ \varepsilon \sim N_n\left(0_n, \ \sigma^2 I_n\right) \tag{13}$$

と表現されます。ここで、0_nはすべての成分が0のn次ベクトル、I_nはn次の単位行列です。また、$N_n\left(0_n, \ \sigma^2 I_n\right)$は期待値ベクトルが$0_n$、分散共分散行列が$\sigma^2 I_n$の$n$変量正規分布を表します。

そして、未知の母集団偏回帰係数ベクトルβの推定量およびその分布は、

$$\hat{\beta} = \left(X'X\right)^{-1} X'Y, \ \beta \sim N_{p+1}\left(\beta, \ \sigma^2\left(X'X\right)^{-1}\right) \tag{14}$$

で与えられます。ここで、プライム（'）は行列もしくはベクトルの転置を表し、$\left(X'X\right)^{-1}$は$X'X$の逆行列です。また、偶然変動項εの分散σ^2の推定量は、

$$\hat{\sigma}^2 = \frac{1}{n-p-1}\sum_{i=1}^{n}\{Y_i - (\hat{\beta}_0 + \hat{\beta}_i x_{i1} + \cdots + \hat{\beta}_p x_{ip})\}^2 \tag{15}$$

で与えられます。重回帰分析の理論で重要な式は（14）で、理論的な結果の多くが（14）から導かれます。

目的変数の観測値（Yの実現値）を$y = \left(y_1, \ldots, y_n\right)'$としたとき、$\beta$の推定値は、（14）より$b = \left(b_0, b_1, \ldots, b_p\right)' = \left(X'X\right)^{-1} X'y$で与えられます。第$i$個体の目的変数の予測値は$\hat{y}_i = b_0 + b_1 x_{i1} + \cdots + b_p x_{ip}$となり、実測値と予測値との差$e_i = y_i - \hat{y}_i$を**残差**（residual）といいます$\left(i = 1, \ldots, n\right)$。$y_1, \ldots, y_n$の平均値を$\overline{y} = (y_1 + \cdots + y_n)/n$としたとき、全平方和（SST）、モデル平方和（SSM）、残差平方和（SSR）をそれぞれ、

$$\text{SST} = (y_1 - \overline{y})^2 + \cdots + (y_n - \overline{y})^2$$
$$\text{SSM} = (\hat{y}_1 - \overline{y})^2 + \cdots + (\hat{y}_n - \overline{y})^2$$
$$\text{SSR} = (y_1 - \hat{y}_1)^2 + \cdots + (y_n - \hat{y}_n)^2$$

とすると、

$$SST = SSM + SSR$$

の関係式が成り立つことが示されます。そして偶然変動項の標準偏差 σ の推定値（（15）の平方根の実現値）は、

$$s = \sqrt{SSR / (n - p - 1)}$$

と計算されます。残差が小さいほど回帰式の当てはまりはよいと評価されますので、その二乗和SSRがモデルの当てはまりのよさを測る指標となります。そして、

$$R^2 = \frac{SSM}{SST} = 1 - \frac{SSR}{SST}$$

を**決定係数**といいます。決定係数が大きいほど当てはまりがよいという訳です。決定係数の正の平方根、

$$R = \sqrt{R^2}$$

は**重相関係数**と呼ばれ、実測値 $(y_1, \ldots, y_n)$ と予測値 $(\hat{y}_1, \ldots, \hat{y}_n)$ との間の相関係数であることが示されます。また、

$$R^{*2} = \frac{SSM}{SST} = 1 - \frac{SSR / (n - p - 1)}{SST / (n - 1)}$$

を**自由度調整済み決定係数**といいます。Excelで「補正 $R2$」と表されているのがこれです。

　これらの値がExcelなどでの重回帰分析においては標準的に出力されます。Excelでは、表3 のような出力が得られ、そこでの計算式は 表5 のようになります。

表5 Excelの出力の計算式

回帰統計：

重相関 R:(19)、重決定 R2:(18)、補正 $R2$:(20)、標準誤差:(17)、観測数: n

分散分析表

	自由度	変動	分散	分散比	有意F
回帰	p	SSM	SSM/p	$F_0 = \dfrac{\text{SSM}/p}{\text{SSR}/(n-p-1)}$	$P(F > F_0)$
残差	$n-p-1$	SSR	$\text{SSR}/(n-p-1)$		
合計	$n-1$	SST			

	係数	標準誤差	t	P-値	下限 95%	上限 95%
切片	b_0	c_0	$t_0 = b_0/c_0$	$P(T > t_0)$	$b_0(L)$	$b_0(U)$
更新	b_j	c_j	$t_j = b_j/c_j$	$P(T > t_j)$	$b_j(L)$	$b_j(U)$

$c_j \ (j = 0, 1, \ldots, p)$ は $s^2 (X'X)^{-1}$ の第 j 対角要素の平方根、F は自由度 $(p, n-p-1)$ の F 分布に従う確率変数、T は自由度 $n-p-1$ の t 分布に従う確率変数です。また、$t_{n-p-1}(0.025)$ を自由度 $n-p-1$ の t 分布の上側 2.5% として、

$$b_j(L) = b_j - t_{n-p-1}(0.025)c_j, \quad b_j(U) = b_j + t_{n-p-1}(0.025)c_j$$

となります。計算式はややこしいですが、それらの解釈は **4.3** までで示した通りです。

🔷 4.4.3 説明変数の選択

　本章の最後に、説明変数の選択について触れておきます。目的変数の予測のための説明変数の候補がいくつもある場合、どの説明変数を用いたらよいか？という問題に遭遇します。**4.3** までで議論したように、分析の目的によってモデルに取り込むべき変数あるいは取り込むべきでない変数がある場合があります。そのような状況は見極めたとしても、まだ説明変数の選択の問題は生じます。

● 説明変数の選択の必要がない場合

　説明変数の選択を行う前に、そのような選択が必要であるかどうかを考えなくてはなりません。変数選択が必要ない場合として、目的変数yの予測に使う説明変数があらかじめ定められている状況があります。

　例えば、予備校で入試の点数の予測に模擬試験の点数を使う場合、模擬試験で5科目を受験しているのでしたら、それらは全部使うべきでしょう。また、分析目的がyの予測の場合には、あまり多過ぎないのであれば使える変数は多く使うのがよいでしょう。**不必要な変数をモデルに取り込んでしまうリスクより、必要な変数を取り込まないリスクのほうが、通常は大きいからです。**

　またその場合、各偏回帰係数の値をそう気にする必要はありません。特に、説明変数間の相関が高い、いわゆる多重共線性が存在する場合には、前節までで見たように本来正であるべき回帰係数が負になったりしますが、だからといってその変数を除去する必要はありません。

● 説明変数の選択が必要な場合

　逆に、変数選択が必要な状況として、研究の初期段階で説明変数の候補が多過ぎる場合や、世論調査において本番の調査の前に予備的な調査を行い本番の調査項目を絞り込むような場合が挙げられます。また、分析の目的が説明変数の制御の場合には、考慮すべき変数が多いのでは制御が困難になることから、影響の大きそうな変数を選択する必要が出てきます。

　説明変数の選択の場合には、現在あるデータセットでの当てはまりだけでなく、将来得られるであろうデータでの当てはまりも考慮しなくてはなりません。 **図6** は、与えられた6つの点に対し、(6) の多項式回帰として、いくつかの次数の多項式を当てはめた結果です。データ点は6つですから5次多項式であればすべてのデータ点を通ることになります。しかし、$x = 7$あるいは$x = 8$でのyの予測では、2次以上の多項式は不適切な予測値を与えてしまっています。ここでは最も簡単な1次式が最適です。

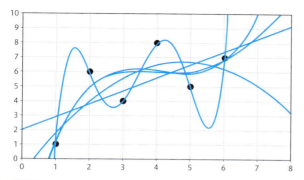

図6 多項式の当てはめ

　説明変数の選択の際に、モデルの当てはまりのよさを表す決定係数 R^2 が使えると思われるかもしれません。しかし R^2 は説明変数の数を増やすと必ず増加するという性質を持ちます。したがって、説明変数の選択に用いることはできません。その際に有用なのは自由度調整済み決定係数（補正 $R2$）R^{*2} です。R^{*2} は予測に有用でない、すなわち他の変数がモデルに取り込まれているとして当該変数をモデルに取り込む必要がない、という場合には減少します。このため、R^{*2} が最も大きくなる説明変数の組を採用するという方策が考えられます。

　それ以外の指標としては、AIC（Akaike Information Criterion）あるいは Mallows の c_p などが考案されています。これらは Excel にはありませんが、専用の統計ソフトには標準的に装備されています。

　本章での議論を踏まえ、適切なデータ分析を行ってください。

CHAPTER

5

ダイエットは効果があったのか
〜処置前後データと平均への回帰〜

第5章の内容

　個人や社会での健康意識が高まる中、特定健診が義務化され、その結果として特定保健指導を受ける人もかなりの数に上っています。「健康でいたい」とは誰もが願うことで、健康を増進して健康寿命を延ばすためにもデータサイエンスが大きな役割を果たします。

　メタボリックシンドロームの判定基準の1つに、「収縮期血圧（最高血圧）130mmHg以上」があります。ある会社では、その基準に抵触し最高血圧が130mmHg以上となった社員に対し、独自開発の特定保健指導の一環としてダイエットを行いました。

　特定保健指導でなくてもダイエットで体重や血圧を下げたい人は少なからずいることでしょう。 表1 は、最高血圧が130mmHg以上となってダイエットを行った社員の中から選んだ10人の、ダイエットの実施前と実施後の血圧の値および前後差（処置後値−処置前値）を示したものです。前後差がマイナスになっているものは、血圧が低下したことを意味します。

　このデータから、このダイエットは効果があったといえるでしょうか？

表1 ダイエット前後の収縮期血圧

ID	1	2	3	4	5	6	7	8	9	10	平均	標準偏差
処置前	140	138	136	135	134	133	132	132	131	131	134.2	3.048
処置後	138	132	135	130	132	135	133	130	128	130	132.3	3.020
差	-2	-6	-1	-5	-2	2	1	-2	-3	-1	-1.9	2.424

　この種のデータは、ある処置（この場合は独自開発の特定保健指導の一環としてのダイエット）を施す前と施した後でデータを取り、それらの差などから処置の効果を評価するもので、**処置前後データ**あるいは**Before-Afterデータ**といい、様々な場面で目にするものです。この種のデータをどう分析するか、その際、何に注意したらいいのかを学ぶのが本章の目的です。

5.1 データの集計および単純な解析

ここでは、表1 のデータを使って統計的検定の基本を説明します。統計的検定の技法およびその考え方の理解は、統計的データ解析およびデータサイエンスの基本です。

5.1.1 データの集計とグラフ化

処置効果を判定するため、n人の人に対して処置前後で2回測定値を得るとし、第i番目の人で得られた処置前値（x）と処置後値（y）の組を、$(x_1, y_1), \ldots, (x_n, y_n)$とします。表1 は$n=10$で、表1 のデータをグラフに表したのが 図1 です。処置前後データの図示には 図1（a）もしくは（b）のようなグラフが有効です。図1（b）の2つの測定値を対応させたグラフのほうが2回の観測値の推移は見やすいのですが、図1（a）の散布図での表示も有用です。

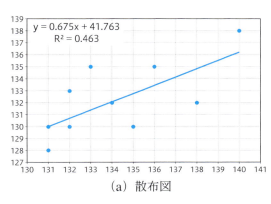 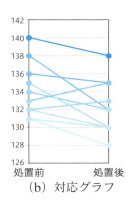

(a) 散布図　　　　　　　　　(b) 対応グラフ

図1 2回の血圧測定値の散布図と対応グラフ

表1 のデータからは、10人の血圧の平均は1.9mmHg下がっていることがわかります。血圧の平均が下がったから効果があるといえるのか、あるいは本当は効果がないけれども、たまたま選んだ10人では血圧が下がったのでしょうか？

その疑問に対し、データに基づいて客観的な判断を示す方法の1つが**統計的検定**です。

5.1.2　統計的検定の結果

ここでは同じ被験者に対して2回データを取っていますので、これは**対応のあるデータ**です。このときの最も一般的な検定法は「対応のあるt検定」で、Excelの「分析ツール」の「t検定：一対の標本による平均の検定」を用いて簡単に実行できます。 表1 のデータに適用した結果は、 表2 （a）のようになります。対応のあるデータなのですが、これを誤って対応がないとしてしまい、「t-検定：等分散を仮定した2標本による検定」としてしまうと 表2 （b）のような結果となります。

表2 血圧の差に関する検定結果

（a）対応があるとしたときの結果

	処置前	処置後
平均	134.2	132.3
分散	9.289	9.122
観測数	10	10
ピアソン相関	0.681	
仮説平均との差異	0	
自由度	9	
t	2.478	
P(T<=t) 片側	0.018	
t 境界値 片側	1.833	
P(T<=t) 両側	0.035	
t 境界値 両側	2.262	

（b）対応がないとしたときの結果

	処置前	処置後
平均	134.2	132.3
分散	9.289	9.122
観測数	10	10
プールされた分散	9.206	
仮説平均との差異	0	
自由度	18	
t	1.400	
P(T<=t) 片側	0.089	
t 境界値 片側	1.734	
P(T<=t) 両側	0.178	
t 境界値 両側	2.101	

統計的検定についての詳細は**5.4**で解説しますが、 表2 で最も重要な出力は「P(T<=t)片側」もしくは「P(T<=t)両側」で、**P値**（p-value）と呼ばれます。**P値が小さいときに処置の効果ありと判定**します。正しい検定法の 表2 （a）では、それぞれ0.018および0.035ですので、有意水準5%で統計的に有意であり、処置は効果があったと結論されます。

一方、誤った検定法である 表2 （b）では、P値はそれぞれ0.089、0.178と0.05よりも大きいので、有意水準5%で検定は有意でなく、処置に効果があったとはいえないという結論になってしまいます。

対応があるデータとないデータの違いは、図2 から一目瞭然でしょう。

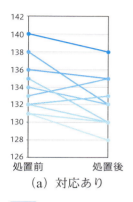
（a）対応あり

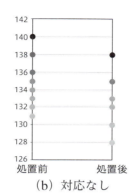
（b）対応なし

図2 対応のあるなしのデータ

図2 （a）は 図1 （b）を再掲したもので、10人の被験者の2回の測定値であることが明白です。それに対し 図2 （b）ではその対応関係が切れていて、処置前後で10人ずつの計20人のデータであると見なされます（同じ点に複数の人がいます）。図2 （b）では全体として血圧が下がっているように見えますが、表2 （b）からは、その下がり具合は統計的に有意ではありません。データのばらつきが大きいからです。しかし、対応ありとして見ると、10人中8人は血圧が下がっていて、表2 （a）の検定結果からその低下具合は統計的に有意です。

表2 （a）の検定結果から、ダイエットには効果があって血圧を下げるのに寄与し、ダイエットを含む特定保健指導を開発した関係者の苦労は報われたということになります。対応があるデータなのに対応がないとしてしまった 表2 （b）の検定法を適用してしまうと、本当は効果があるのに効果がないという誤った結論に至ってしまい、関係者の苦労は報われないことになってしまいます。

このような、対応の有無を分析に反映し損ねる類の間違いが散見されますので注意してください。このあたりの詳細は **5.4** で議論します。

💠 5.1.3　新たな問題

　ところが、物事はそう簡単ではないというのが本章で学ぶ事柄です。も
し、会社の社員全員がダイエットを実行していたのでしたら、表2 (a) の
分析が妥当なものになります。しかし、表2 (a) の分析には、ダイエッ
トを行ったのは最高血圧が130mmHg以上の人たちだけである、という情
報が反映されていません。すなわち、処置前値によって処置を受けるかど
うかが決まってきているのです。これを**処置前値によるスクリーニング**と
いいます。

　スクリーニングは、処置効果の判定のため処置前後データを用いる場合
に多く見られます。学生に試験を行い、成績の悪かった学生にだけ補習授
業を受けさせて補習後の再度の試験によって補習の効果を見る、業績の振
るわない企業に対し、資本注入などの措置を実施してその後の業績の推移
を見る、などはすべて処置前値によるスクリーニングの例です。

　**処置前後データではいわゆる「平均への回帰」現象が見られ、それは特
に処置前値によるスクリーニングがある場合に顕著となります。したがっ
て、それらの影響を除いた上でのデータの分析が望まれます。データサイ
エンティストとしても知識が活きる場面です。**

5.2 処置前後データ解析の論点

ここでは、処置前後データを解析する際に考慮すべき論点として、効果判定の基準、スクリーニングの種類、および平均への回帰について論じます。

5.2.1 効果の判断尺度

同じ個体に対して、ある処置を施す前と施した後に、同じ測定項目を2回測定したときの処置前値をx、処置後値をyとします。xからyへの変化量を表す尺度としては、差$y-x$あるいは比y/xが最も一般的でしょう。医学研究などで多く用いられる相対差$(y-x)/x$は$(y/x)-1$と変形されますから、$(y-x)/x$はy/xと本質的に同等です。また、比の対数$\log(y/x)$$=\log y-\log x$、あるいは相対差の対数$\log\{(y-x)/x\}=\log(y-x)-\log x$が変化量の尺度として適切なこともあるでしょう。

種々の尺度を統一的に扱うため、xからyへの変化の尺度として次の条件を満足する関数$C(x,y)$が定義できます。

(1) $x=y$のとき、そしてそのときに限り$C(x,y)=0$

(2) $y>(<)x$のとき、そしてそのときに限り$C(x,y)>(<)0$

(3) xが固定されたときは$C(x,y)$はyの増加関数

(4) すべての$a>0$に対し$C(ax,ay)=C(x,y)$

ここで、条件 (4) は尺度がデータの測定単位に無関係になるように定めたものです。例えば経済データを扱うときには、貨幣単位に依存しない議論を可能にするために必要な条件である、とされています。多くの分野で一般に用いられる差$y-x$は (1) ～ (3) は満たしますが、(4) は満たしません。

経済関係では、多くの尺度が比y/xの関数であることから、

$$C(x,y)=H(y/x)=C(y/x,1)$$

となる関数$H(y/x)$で、次の条件を満たすものが考えられています。

(1') $y/x = 1$のとき、そしてそのときに限り$H(y/x) = 0$

(2') $y > (<)x$のとき、そしてそのときに限り$H(y/x) > (<)0$

(3') Hはy/xの連続な単調増加関数

関数Hの具体的な例としては、

$$H_1(y/x) = (y-x)/x = (y/x)-1$$
$$H_2(y/x) = (y-x)/y = 1-(y/x)^{-1}$$
$$H_3(y/x) = \log y - \log x = \log(y/x)$$

などがあります。尺度値が処置前値に依存しないようにすべきであるという意見もありますが、実用上最もよく用いられる差$d = y - x$の分布は、処置前値xに依存します。

データ解析の立場からは、尺度値の分布が左右対称で正規分布に近くなるようなものが最も扱いやすいといえるでしょう。

5.2.2 スクリーニング

処置前値xによるスクリーニングの種類の区別は、その後の解析の上で極めて重要です。スクリーニングには、「トランケーション」、「打ち切り」、「選択」の3種類があります。それらはそれぞれ以下のように定義されます。

● トランケーション

処置前値に関する条件（例えばcをあらかじめ定められた「しきい値」として、$x \geq c$など）を満たすもののみ(x, y)の値が得られるが、設定条件に合わなかった個体はその個数もわからない。

● 打ち切り

処置前値に関する条件（例えば$x \geq c$）を満たす個体については(x, y)が得られるが，条件に合わないものはxもyも測定値が得られない。しかし、その個数のみはわかる。

● 選択

すべての個体に対して処置前値xは得られるが、処置後値yはxに関する条件（例えば$x \geq c$）に合うものだけが測定される。

これらの中で，トランケーションと打ち切りはよく混同されますが、処置前値の条件に合わないものの個数の情報の有無によって解析法が異なり、得られる推定値の精度も大きく異なります。

特定健診で血圧が130mmHg以上の人がダイエットを行う場合は、しきい値は$c = 130$で、特定健診を受けた全員の血圧値がわかっていれば「選択」、$x < 130$となった人たちの血圧値はわからないがその人数はわかる場合は「打ち切り」、$x < 130$となった人数もわからない場合は「トランケーション」です。スクリーニングがどのカテゴリーに属するかは、重要な情報です。

打ち切りとトランケーションについては、**第7章**で詳しく述べています。そちらも参照してください。

🧊 5.2.3 平均への回帰

平均への回帰（regression to the mean）とは、同じ種類の測定を2回行う場合、第1回目の測定で全体の平均よりも大きかった（小さかった）個体の2回目の測定の平均は、2回目の全体の平均よりも大きい（小さい）ものの1回目の測定値ほどは大きく（小さく）ない、というものです。回帰効果（regression effect）ともいいます。

歴史的には、背の高い父親から生まれた息子の身長は、全体の平均よりも大きいものの父親ほどは大きくないという観察結果に基づくもので、身長は世代を経て平均に回帰するという表現から生まれ、回帰分析（regression analysis）の語源となったものです。

　平均への回帰を数式で表現すると、以下のようになります。ここでは、処置前後値を表す1組の確率変数(X, Y)が、2変量正規分布$N(\mu_X, \mu_Y, \sigma_X^2, \sigma_Y^2, \sigma_{XY})$に従うとします。相関係数は、

$$\rho = \frac{\sigma_{XY}}{\sigma_X \sigma_Y}$$

です。このとき、$X = x$が与えられた下でのYの条件付き期待値は

$$E[Y \mid X = x] = \mu_Y + \beta(x - \mu_X) \tag{1}$$

となります。ここで、$\beta = \dfrac{\sigma_{XY}}{\sigma_X^2} = \rho \cdot \dfrac{\sigma_Y}{\sigma_X}$および$\alpha = \mu_Y - \beta \mu_X$で、直線$y = \alpha + \beta x$は**回帰直線**です。(1)の条件付き期待値は、処置前値がxであった個体を多数集めたときの、それらの処置後値の平均、という意味です。

　図3は、2変量正規分布の等密度曲線と回帰直線を図示したものです。等密度曲線とは、その曲線上の点は生じる確率が同じとなるものです。

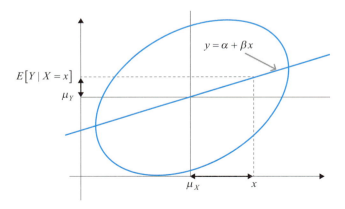

図3 2変量正規分布と回帰直線

　Yの条件付き期待値$E[Y \mid X = x]$と、条件付きでない全体の期待値$\mu_Y = E[Y]$との差は、

$$E[Y \mid X = x] - \mu_Y = \beta(x - \mu_X) \tag{2}$$

です。X と Y の分散が等しく $\sigma_X{}^2 = \sigma_Y{}^2 \left(= \sigma^2\right)$ とすると $\beta = \rho$ となり、(2) は、

$$E[Y \mid X = x] - \mu_Y = \rho(x - \mu_X) \tag{3}$$

となります。多くの場合 $0 < \rho < 1$ ですから、(3) より、$x \geq \mu_X$ のとき、$E[Y \mid X = x]$ は全体の平均値 μ_Y よりも大きいものの、μ_Y からの差 $E[Y \mid X = x] - \mu_Y$ は、x の μ_X からの差 $x - \mu_X$ ほどは大きくないことになります。**図3** の横軸上の矢線で表した $x - \mu_X$ と縦軸上での $E[Y \mid X = x] - \mu_Y$ の矢線の長さを比較してください。逆に $x < \mu_Y$ のときは、$E[Y \mid X = x]$ は μ_Y よりも小さいものの、μ_Y からの差 $E[Y \mid X = x] - \mu_Y$ の絶対値は、x の μ_X からの差 $x - \mu_X$ の絶対値ほどは小さくありません。

平均への回帰は，プロスポーツなどで新人の1年目に活躍した選手が、2年目には2年目の選手全体よりはよい成績を収めるものの、1年目ほどの目立った活躍はできないという、いわゆる「2年目のジンクス」の説明にもなります。

🔷 5.2.4　スクリーニングによる平均への回帰の影響

処置前値 X でスクリーニングがある場合、処置後値 Y の分布にはどのような影響が出るかを調べます。処置前後差を $D = Y - X$ としますと、$X = x$ の条件の下での処置前後差 D の条件付き期待値は、$\sigma_X{}^2 = \sigma_Y{}^2$ とし、$\delta = \mu_Y - \mu_X$ と置くと、(1) より、

$$\begin{aligned} E[D \mid X = x] = E[Y - X \mid X = x] &= \mu_Y + \rho(x - \mu_X) - x \\ &= \delta + \mu_X + \rho(x - \mu_X) - x = \delta - (1 - \rho)(x - \mu_X) \end{aligned} \tag{4}$$

となります。ここで、対象者全員に処置を施したときの処置効果が $\delta = E[Y - X]$ です。

(4) は示唆に富む式です。処置前値 x が全体の平均 μ_X よりも大きい場合、同じ x である人のみを集めると、彼らの前後差 D の平均（(4) の左辺）

は、処置効果δよりも$(1-\rho)(x-\mu_X)$だけ小さくなることを、(4)は主張しています。

血圧の例では、ダイエットにより血圧が下がるのであれば$\delta < 0$ですが、$x > \mu_X$である人達はそれよりもさらに$(1-\rho)(x-\mu_X)$だけ血圧が平均的に低下することになります。もし仮にダイエットに全く効果がなく$\delta = 0$であったとしても、処置前後差Dの条件付き期待値は$-(1-\rho)(x-\mu_X)$という負の値になり、逆に$x < \mu_X$であれば$(1-\rho)(x-\mu_X)$だけ大きくなります。この$(1-\rho)(x-\mu_X)$が平均への回帰分で、処置効果の評価ではこれを調整しなくてはなりません。

では、処置前値が$X \geq c$となった個体のみにおける処置前後差$Y-X$の条件付き期待値$E[Y-X \mid X \geq c]$はどうなるのでしょうか？ これまでと同じく、2変量の確率変数(X, Y)が2変量正規分布$N(\mu_X, \mu_Y, \sigma_X{}^2, \sigma_Y{}^2, \sigma_{XY})$に従うとして、$E[Y-X \mid X \geq c]$を計算してみます。$c = -\infty$がスクリーニングのない場合に相当します。

まず$E[X \mid X \geq c]$を求めると、$c' = \dfrac{c - \mu_X}{\sigma_X}$として、

$$E[X \mid X \geq c] = \mu_X + \frac{\varphi(c')}{1 - \Phi(c')}\sigma_X \tag{5}$$

となります。ここで、$\varphi(z)$は標準正規分布$N(0,1)$の**確率密度関数**、$\Phi(z)$は同じく$N(0,1)$の**累積分布関数**で、それぞれ次式で定義されます。確率密度関数は値の起こりやすさを表す関数、累積分布関数はその値以下となる確率を表す関数です。

$$\varphi(z) = \frac{1}{\sqrt{2\pi}}e^{-z^2/2}、\ \Phi(z) = \int_{-\infty}^{z}\varphi(u)\,du$$

また、関数形のグラフは 図4 のようになります。

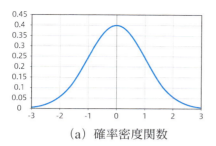 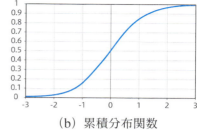

(a) 確率密度関数　　　　　(b) 累積分布関数

図4 標準正規分布の確率密度関数と累積分布関数

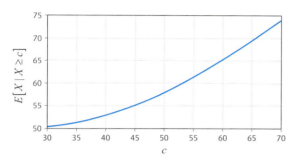

図5 条件付き期待値 $E[X \mid X \geq c]$

　条件付き期待値（5）のグラフは、**図5** のようになります。

　特に、$c = \mu_X$、すなわちちょうど分布の上半分のみが観測されるときは、（5）で $c' = 0$ として、

$$E[X \mid X \geq \mu_X] = \mu_X + \frac{\varphi(0)}{1 - \Phi(0)}\sigma_X = \mu_X + 2 \times \frac{1}{\sqrt{2\pi}}\sigma_X \approx \mu_X + 0.798\sigma_X$$

となり、$\mu_X = 50$、$\sigma_X = 10$ では $E[X \mid X \geq 50] \approx 57.98$ となります（**図6**）。

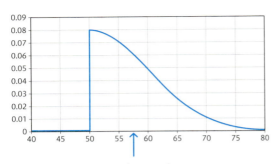

図6 $X \geq 50$ のみの $N(50, 10^2)$ と条件付き期待値（矢印）

$X = x$ のときの Y の条件付き期待値は（1）より、

$$E[Y \mid X = x] = \mu_Y + \beta(x - \mu_X)$$

なので、Y の条件付き期待値は、

$$E[Y \mid X \geq c] = \mu_Y + \beta(E[X \mid X \geq c] - \mu_X)$$

となり、

$$\begin{aligned}E[Y - X \mid X \geq c] &= \mu_Y + \beta(E[X \mid X \geq c] - \mu_X) - E[X \mid X \geq c] \\ &= (\mu_Y - \mu_X) - (1 - \beta)(E[X \mid X \geq c] - \mu_X)\end{aligned} \quad (6)$$

を得ます。

● **処置効果の推定**

処置効果 $\delta = \mu_Y - \mu_X$ の推定では、(6) の第2行目の式の第2項の平均への回帰分を調整する必要があることがわかります。(6) で、処置の効果がなく $\delta = \mu_Y - \mu_X = 0$ であり、かつ $\sigma_X^2 = \sigma_Y^2 (= \sigma^2)$ のときは $\beta = \rho$ となります。よって (6) は、(5) の関係を用いると

$$E[Y - X \mid X \geq c] = -(1 - \rho)\frac{\varphi(c')}{1 - \Phi(c')}\sigma \quad (7)$$

となります。共通の標準偏差を $\sigma = 10$ として $\rho = 0,\ 0.3,\ 0.5,\ 0.7$ に対し $30 \leq c \leq 70$ の範囲で (7) を図示したのが **図7** です。

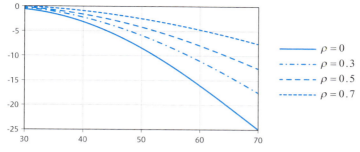

図7 $X \geq c$ のときの $E[Y - X \mid X \geq c]$

　図7 の見方ですが、例えば相関係数が ρ である 2 回のテストを行い、1 回目のテストの偏差値（X）が c 以上の人だけを集めて 2 回目のテストを行ったとき、1 回目と 2 回目の間で何も処置を施さずに、2 回目のテストの偏差値（Y）が 1 回目から平均してどの程度低下するかを表したもの、と解釈できます。具体的に相関係数が 0.5 のとき、1 回目のテストの偏差値が 60 以上の人だけを集めて 2 回目のテストを行ったとき、平均して偏差値が 5 程度下がることを表しています。

　正規分布は平均を中心として左右対称なので、逆に偏差値が 40 以下だった人たちだけを集めて 2 回目のテストを行うと、平均して偏差値は 5 程度上がります。テストの点数が悪かった人に対して補習を行うなどの何がしかの処置を施してその効果を見る場合には、この平均への回帰分を考慮する必要があります。

5.3 スクリーニング下での統計的推測

ここでは、処置前値によってスクリーニングがある場合の、処置効果の統計的推測法を議論します。

5.3.1 統計的推測のためのモデル

統計的推測の対象となる処置効果を、母集団全体での処置前後差の期待値 $\delta = E[Y - X] = \mu_Y - \mu_X$ とすると、(6) より、

$$\delta = E[Y - X \mid X \geq c] + (1 - \beta)(E[X \mid X \geq c] - \mu_X) \tag{8}$$

となります。スクリーニングの結果、処置前後の値が両方とも観測されたデータが m 組あったとし、それらを $(x_1, y_1), \ldots, (x_m, y_m)$ とします。処置前後の差を $d_i = y_i - x_i\ (i = 1, \ldots, m)$ とするとき、それらの平均値

$$\bar{d} = \frac{1}{m}\sum_{i=1}^{m} d_i = \frac{1}{m}\sum_{i=1}^{m} y_i - \frac{1}{m}\sum_{i=1}^{m} x_i = \bar{y} - \bar{x}$$

は、(8) の右辺第 1 項 $E[Y - X \mid X \geq c]$ の推定値に過ぎず、$E[X \mid X \geq c]$ $= \mu_X$ でない限り、目的である処置効果 δ の推定値ではなく、偏りがあります。処置効果 δ の偏りのない推定値を得るためには、(8) の右辺第 2 項の調整を加える必要があります。

処置効果の式 (8) の右辺第 2 項の $E[X \mid X \geq c]$ の推定値は $\bar{x}$ ですので、δ の推定には回帰係数 β および母集団での処置前値の期待値 μ_X が必要となります。β および μ_X の何らかの推定値 $\hat{\beta}$ および $\hat{\mu}_X$ が得られたとすると、δ の推定値は次式で与えられることになります。

$$\hat{\delta} = (\bar{y} - \bar{x}) + (1 - \hat{\beta})(\bar{x} - \hat{\mu}_X) \tag{9}$$

推定値 (9) の計算では、初めに平均への回帰分を調整した差である

$$d_i{}^* = (y_i - x_i) + (1 - \hat{\beta})(x_i - \hat{\mu}_X) \quad (i = 1, \ldots, m)$$

を求め、次に$d_i{}^*$に関する平均値を求めればよいことになり、この方法は**2段階法**とも呼ばれます。

5.3.2　パラメータの推定方法

推定が必要なパラメータβおよびμ_Xのうちの回帰係数βについては、スクリーニングの下で観測されたm組のデータから

$$\hat{\beta} = \frac{\sum_{i=1}^{m}(x_i - \bar{x})(y_i - \bar{y})}{\sum_{i=1}^{m}(x_i - \bar{x})^2} \tag{10}$$

として求められます。(10)の回帰係数の計算はスクリーニングがない場合の計算法と同じですが、xにスクリーニングがあっても同じ計算法でよいという点は、重要な性質です。

残るパラメータはμ_Xですが、ここではこれを既知として扱います。あるいはスクリーニングが5.2.2で扱ったうちの「選択」で、全データによってμ_Xが精度よく推定されている場合も含みます。

そうでない場合、すなわちスクリーニングが「打ち切り」あるいは「トランケーション」の場合ですが、「打ち切り」のときは、例えばEMアルゴリズムのような何らかの計算法を用いることにより、また「トランケーション」のときもある種の反復法によって推定は可能です。しかし、いずれもかなり面倒な計算を必要とする上、推定の精度は、特に「トランケーション」の場合はあまりよくないので、ここでは取り上げないこととします。

処置前後の値を表す確率変数(X, Y)が2変量正規分布$N(\mu_X, \mu_Y, \sigma_X^2, \sigma_Y^2, \sigma_{XY})$としたとき、回帰直線は(1)で示したように、

$$y = \mu_Y + \beta(x - \mu_X) \tag{11}$$

です。この両辺からμ_Xを引くと、

$$y - \mu_X = (\mu_Y - \mu_X) + \beta(x - \mu_X) \tag{12}$$

となります。(12) の定数項（切片）の$(\mu_Y - \mu_X)$が、推測の対象となるパラメータです。すなわち、観測された処置前後データ(x_i, y_i)のそれぞれからμ_Xを引いて$(x_i - \mu_X, y_i - \mu_X)$ $(i = 1, \ldots, m)$とし、これらに対して回帰分析を実行して定数項の部分を見ればよいことになります。

5.3.3　結果の解釈

表1のデータ(x_i, y_i)そのものの回帰分析の結果、および$(x_i - \mu_X, y_i - \mu_X)$に関する回帰分析の結果を、この会社全体での血圧の平均値の$\mu_X = 128$として求めたのが、表3（Excelの「分析ツール」の「回帰分析」の出力）です。

表3 2種類の回帰分析の結果
(a) (x_i, y_i)での結果

回帰統計	
重相関 R	0.681
重決定 $R2$	0.463
補正 $R2$	0.396
標準誤差	2.347
観測数	10

分散分析表

	自由度	変動	分散	分散比	有意 F
回帰	1	38.050	38.050	6.910	0.030
残差	8	44.050	5.506		
合計	9	82.1			

	係数	標準誤差	t	P-値	下限 95%	上限 95%
切片	41.763	34.449	1.212	0.260	-37.677	121.203
X	0.675	0.257	2.629	0.030	0.083	1.266

※次ページへ続く

5.3

スクリーニング下での統計的推測

(b) $(x_i - \mu_X, y_i - \mu_X)$ での結果

回帰統計	
重相関 R	0.681
重決定 $R2$	0.463
補正 $R2$	0.396
標準誤差	2.347
観測数	10

分散分析表

	自由度	変動	分散	分散比	有意 F
回帰	1	38.050	38.050	6.910	0.030
残差	8	44.050	5.506		
合計	9	82.100			

	係数	標準誤差	t	P-値	下限 95%	上限 95%
切片	0.117	1.756	0.067	0.948	-3.931	4.166
X'	0.675	0.257	2.629	0.030	0.083	1.266

　表3（a）で示された回帰直線 $y = 41.763 + 0.675x$ が（11）の回帰式の推定値で、**図1**（a）に描き入れられたものです。一方、**表3**（b）で示された $y = 0.117 + 0.675x$ が（12）の回帰式です。**表3** の（a）と（b）とで、「切片」の行以外はすべて同じ数値となっていることを確認してください。分析の目的はその「切片」の行に表されています。

　すなわち、$\delta = \mu_Y - \mu_X$ の推定値は $\hat{\delta} = 0.117$ とほとんど0となっています。帰無仮説 $H_0 : \delta = 0$ の検定の P 値は 0.948 と大きいので統計的に有意でなく、$\delta = 0$ は否定されない、すなわちダイエットの効果はあったとはいえない、という結論になります。ただし、δ の信頼度95%の信頼区間は $(-3.931, 4.166)$ ですので、$\delta = 3.931$ 程度は血圧が下がる可能性も否定しきれません（逆に 4.166 くらい血圧が上がる可能性もあります）。

　すなわち、スクリーニングを考慮した解析を行うと、ダイエットの効果は必ずしもあったとはいえず、**表1** の観測データで血圧が下がったように見えるのは、実は平均への回帰の効果であったことになります。

　この場合の正しい結論は、サンプルサイズ $m = 10$ が少な過ぎてダイエットの効果を判定するには至らなかった、ということになります。

5.4 統計手法の概説（統計的検定）

ここでは、前節までで扱った統計手法のうち、対応のある場合と対応のない場合の母平均の検定法について詳しく論じます。処置前後データでスクリーニングのない場合には、対応があるとした検定法が妥当な解析となります。

● 5.4.1 検定の枠組み

ここで行う統計的検定の枠組みを示しておきます。検定の目的は、母集団に関する何らかの仮説をデータによって検証することです。検定の3要素は、

(a) 仮説の設定
(b) 検定統計量の選択
(c) 結果の確率的評価

です。ここでは検定の目的を、母集団の未知パラメータ θ に関する仮説の評価とします。仮説には**帰無仮説**（null hypothesis）と**対立仮説**（alternative hypothesis）とがあり、それぞれ H_0、H_1 で表します。

帰無仮説は通常、

$$H_0 : \theta = \theta_0 \ （ある定められた値）\tag{13}$$

の形を取ります。対立仮説としては、

$$H_1 : \theta > \theta_0 \ もしくは H_1 : \theta > \theta_0 \tag{14}$$

あるいは、

$$H_1 : \theta \neq \theta_0 \tag{15}$$

のいずれかの形を取り、（14）を**片側仮説**、（15）を**両側仮説**といいます。

検定統計量としては、帰無仮説からの乖離を的確に表現するものを選択します。ここではそれを確率変数Tと表現し、データから得られた実際の値をtとします。そして、帰無仮説が正しいとしたときに（帰無仮説の下で）Tが実現値tよりも離れた値となる確率を、

$$P = P(T \geq t \mid H_0) \text{もしくは} P = P(T \leq t \mid H_0) \tag{16}$$

あるいは、

$$P = P(|T| \geq |t| \mid H_0) \tag{17}$$

とします。（16）のPは（14）の片側仮説に対応した値で**片側P値**といい、（17）のPは（15）の両側仮説に対応した値で**両側P値**といいます。そしてP値が小さいとき、（13）の帰無仮説H_0とデータとは整合しないと判断し、H_0を正しくないと判断します。このことを**H_0を棄却する、あるいは検定は有意であった**といいます。

P値の小ささの基準を**有意水準**といい、αで表します。$\alpha = 0.05$あるいは0.01が取られることが多いようです。そしてP値がαよりも小さくなったとき、有意水準100α%で検定は有意であったといいます。P値がαよりも大きくなったときはH_0は棄却できません。すなわち、$\theta = \theta_0$ではないとはいえないということになります。ここで注意すべきは、これによって$\theta = \theta_0$を証明したことには**ならない**ということです。サンプルサイズが大きくないとき、P値は往々にして大きな値となります。確固とした結論は得られなかったとするのが妥当な判断です。

🧊 5.4.2　対応の有無と検定

処置前後データのように対応のあるデータを表すn組の確率変数を$(X_1, Y_1), \dots, (X_n, Y_n)$とし、これらは互いに独立に2変量正規分布$N(\mu_X, \mu_Y, \sigma_X{}^2, \sigma_Y{}^2, \sigma_{XY})$に従うとします。統計的推測の対象は、平均の差$\delta = \mu_Y - \mu_X$です。$D_i = Y_i - X_i \ (i = 1, \dots, n)$とすると、$D_i$は互いに独立に$N(\delta, \sigma_D{}^2)$に従います。ここで$\sigma_D{}^2 = \sigma_X{}^2 + \sigma_Y{}^2 + 2\sigma_{XY}$です。

また、検定の帰無仮説を、

$$H_0 : \delta = 0$$

とします。これは、処置前後データでは処置に効果がないという仮説です。このとき、

$$\bar{D} = \frac{1}{n}\sum_{i=1}^{n} D_i = \frac{1}{n}\sum_{i=1}^{n}(Y_i - X_i) = \frac{1}{n}\sum_{i=1}^{n}Y_i - \frac{1}{n}\sum_{i=1}^{n}X_i = \bar{Y} - \bar{X}$$

$$S_D{}^2 = \frac{1}{n-1}\sum_{i=1}^{n}(D_i - \bar{D})^2$$

と置くと、

$$T_D = \frac{\bar{D}}{\sqrt{S_D{}^2/n}} = \frac{\bar{Y} - \bar{X}}{\sqrt{S_D{}^2/n}} \tag{18}$$

は H_0 の下で自由度 $n-1$ の t 分布に従います。T_D の実現値を t_D としたとき、P 値は、片側仮説 $H_1 : \delta > 0$ であれば $P = P(T_D > t_D | H_0)$ で与えられ、両側仮説 $H_1 : \delta \neq 0$ であれば $P = P(|T_D| > |t_D| | H_0)$ となります。

一方、対応のない場合は、第1母集団からの m 個の確率変数を $X_1, \ldots, X_m$ とし、第2母集団からの n 個の確率変数を $Y_1, \ldots, Y_n$ として、それらはそれぞれ互いに独立に正規分布 $N(\mu_X, \sigma_X{}^2)$、$N(\mu_Y, \sigma_Y{}^2)$ に従うとします。このとき、

$$\bar{X} = \frac{1}{m}\sum_{i=1}^{m}X_i, \quad \bar{Y} = \frac{1}{n}\sum_{i=1}^{n}Y_i,$$

$$S_X{}^2 = \frac{1}{m-1}\sum_{i=1}^{m}(X_i - \bar{X})^2, \quad S_Y{}^2 = \frac{1}{n-1}\sum_{i=1}^{n}(Y_i - \bar{Y})^2$$

とすると、$\bar{X}$、$\bar{Y}$ はそれぞれ μ_X、μ_Y の推定量であり、$S_X{}^2$、$S_Y{}^2$ はそれぞれ $\sigma_X{}^2$、$\sigma_Y{}^2$ の推定量となります。

両群での母分散が等しい $\sigma_X{}^2 = \sigma_Y{}^2 (= \sigma^2)$ と想定される場合は、プールした分散、

$$S^2 = \frac{1}{m+n-2}\left\{\sum_{i=1}^{m}(X_i - \bar{X})^2 + \sum_{i=1}^{n}(Y_i - \bar{Y})^2\right\}$$

$$= \frac{1}{m+n-2}\left\{(m-1){S_X}^2 + (n-1){S_Y}^2\right\}$$

がσ^2の推定量となります。そして、帰無仮説

$$H_0 : \mu_X = \mu_Y$$

の下で、

$$T = \frac{\bar{Y} - \bar{X}}{\sqrt{\left(\dfrac{1}{m} + \dfrac{1}{n}\right)S^2}} \tag{19}$$

は、自由度$m+n-2$のt分布に従うことが示されます。Tの実現値をtとしたとき、P値は、片側仮説$H_1 : \mu_Y > \mu_X$であれば$P = P(T > t \mid H_0)$で与えられ、両側仮説$H_1 : \mu_Y \neq \mu_X$であれば$P = P(|T| > |t| \mid H_0)$となります。

なお、等分散性${\sigma_X}^2 = {\sigma_Y}^2$は仮定ですので、一足飛びにプールした分散$S^2$を用いた検定を適用するのではなく、${S_X}^2$と${S_Y}^2$とであまり値が異ならないことをまずは確認すべきです。

🔷 5.4.3　対応の有無での比較

ここまでに、対応の有無で検定法が異なることを学びました。そして対応がある場合に対応がないとした検定を適用すると、検定が有意になりにくいことを指摘しましたが、ここではそれを検証します。

対応のある場合の検定統計量（18）と対応のない場合の検定統計量（19）の分子は同じですので、分母（の2乗）を比較します。対応のある場合の（18）では、

$$\frac{S_D{}^2}{n} = \frac{1}{n}\frac{1}{n-1}\sum_{i=1}^{n}\{(Y_i - X_i) - (\bar{Y} - \bar{X})\}^2$$

$$= \frac{1}{n(n-1)}\sum_{i=1}^{n}\{(X_i - \bar{X})^2 + (Y_i - \bar{Y})^2\} - \frac{2}{n(n-1)}\sum_{i=1}^{n}(X_i - \bar{X})(Y_i - \bar{Y})$$

となり、対応のない場合の（19）で$m = n$とすると、次式となります。

$$\frac{2}{n}S^2 = \frac{1}{n(n-1)}\left\{\sum_{i=1}^{m}(X_i - \bar{X})^2 + \sum_{i=1}^{n}(Y_i - \bar{Y})^2\right\}$$

XとYの間の共分散$s_{XY} = \dfrac{1}{n-1}\sum_{i=1}^{n}(X_i - \bar{X})(Y_i - \bar{Y})$が正の場合は（18）の分母のほうが（19）の分母よりも小さくなり、結果として対応のある場合の検定統計量T_Dのほうが対応のない場合の検定統計量Tよりも大きくなって、有意になりやすくなります。ただし自由度が小さいほうがt分布の上側$100\alpha/2$%点は大きくなるので、一概に対応がないほうが有意になりにくいとはいえません。ある程度nが大きければ$t_{n-1}(\alpha/2)/t_{2(n-1)}(\alpha/2)$はほぼ1ですので（例えば$n = 10$では$t_9(0.025)/t_{18}(0.025) \approx 1.098$、$n = 20$では$t_{19}(0.025)/t_{38}(0.025) = 1.043$）、共分散$s_{XY}$が小さくない限り（$X$と$Y$が独立に近くない限り）、対応のないとした検定のほうが有意になりにくくなります。

🔷 5.4.4　回帰分析

説明変数が1つの単回帰分析のモデルは**第3章**で見たように次式であり、

$$Y_i = \alpha + \beta x_i + \varepsilon_i \ (i = 1, \ldots, n) \tag{20}$$

ここでε_iは$E[\varepsilon_i] = 0$、$V[\varepsilon_i] = \sigma^2$で互いに独立な確率変数です。単回帰分析での検定の帰無仮説は、定数項（切片）および回帰係数に関する、

$$H_0 : \alpha = 0 \tag{21}$$

$$H_0 : \beta = 0 \tag{22}$$

です。いずれも 表3 の「切片」および「X」の行の「P-値」に検定のP値が出力されています。また、「分散分析表」の「有意F」は、回帰式そのものが有効かどうかの検定のP値です。

単回帰分析では、回帰係数に関する帰無仮説（22）の検定が重要で、切片に関する検定は、$x = 0$のときのYの値に意味のないことが多いため、あまり重要視されていません。しかし 表3 （b）に示したように、スクリーニングのある場合の分析では重要となります。

CHAPTER

6

テストの結果について
部分と全体を融合する
〜マルチレベル分析〜

第6章の内容

　データサイエンスでは様々なデータを扱います。特に教育現場はデータの宝庫で、今後、ますますデータサイエンティストの活躍が期待されます。

　S大学は人文系、社会系、理工系の3分野の全部で10学科からなり、新入生全員に対して入学直後と1年間の学期が終わった後の2回、英語能力テストを受験させています。S大学の執行部は、学生の点数がどのように分布しているかを知るため、各学科から5名ずつの全部で50名の学生をランダムに抽出して英語テストの点数を調査しました。

　図1 は調査された50名の学生のテストの点数を、横軸を1回目の点数、縦軸を2回目のテストの点数として散布図にプロットし、それに回帰直線を描き入れたものです。また 図2 は、全10学科のうち人文、社会、理工の各分野から1学科ずつを選んで描いた散布図と回帰直線です。

　図2 からは、各学科で点数の分布がかなり異なることが見て取れますが、図1 の全体での散布図ではそのような学科ごとの違いが見えてきません。逆に 図2 の学科ごとの分析では、サンプルサイズが5ずつと極めて小さいので、回帰直線の推定も不安定であまり確かなことはいえません。このようなとき、データをどうまとめてそれをどう解釈すればいいのかを学習するのが本章の目的です。

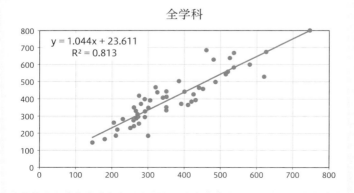

図1　大学全体の散布図と回帰直線

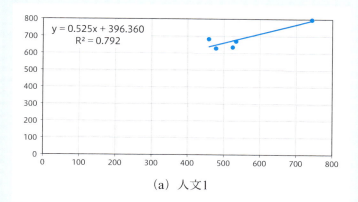

(a) 人文1

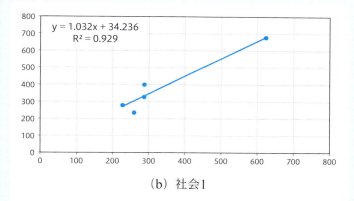

(b) 社会1

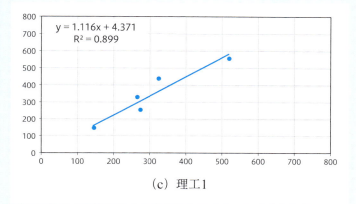

(c) 理工1

図2 学科ごとの散布図と回帰直線

6.1 階層的なデータ構造

統計データには階層構造を持つものがあります。ここでは階層構造を持つデータについて説明します。

6.1.1 階層構造を持つデータ

例えば中学校や高等学校では、各生徒はそれぞれのクラスに属し、各クラスが学校を構成しています。これを学校全体の中での「生徒－クラス」の2層データと呼びます。会社に複数の支社がある場合には、会社全体の従業員は支社のいずれかに所属し、それらの支社が会社を構成するため「従業員－支社」の2層データとなります。

一般に、全体がいくつかのグループに分かれ、各個体はいずれかのグループに所属するときは<u>「個体－グループ」の2層データ</u>といい、図3はその構造を表しています。

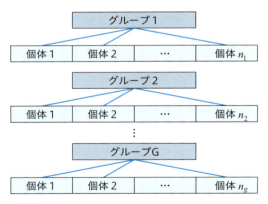

図3 「個体－グループ」の2層データ

さらに学校で、各クラスは同じ学校に属し、同じ市の中にそのような学校がいくつかある場合には、市全体の中で「生徒－クラス－学校」という3層構造となります。加えて、市は都道府県を構成し、都道府県は国を構

成し、というように、層はいくつも考えることができます。どの層をもって全体の母集団とするかは、層ごとの特徴および分析の目的によります。

● 階層構造を持つデータに対する分析法

学校では、同じクラスの中で生徒個人個人にばらつきがありますが、同じクラスの生徒はそのクラスの雰囲気やクラス担任の影響を等しく受けるでしょうから、異なるクラスごとに必然的に違いが生じます。したがって、そのクラスごとの特徴的な差異をデータの分析に反映させる必要が出てきます。 図1 、 図2 の大学のデータでも、学科ごとの差異は顕著なものとなっていますので、それを全体でのデータの分析にどう反映させるのかが問題となります。

階層構造を持つデータに対する分析法は、一般に**マルチレベル分析 (multilevel analysis)** と呼ばれます。それ以外にも適用分野ごとに、階層的モデリング、混合効果モデル、変量効果モデルなどと呼ばれることもありますが、これらが想定するモデルと分析法はほぼ同じになっています。マルチレベル分析は当初、これまで例で挙げたような教育学の分野で発展してきましたが、現在ではその適用範囲を広げ、社会の様々な分野での応用の蓄積がなされつつあります。

マルチレベル分析は、データサイエンティストのツールボックスに収めておくべき分析手法です。

6.1.2 入れ子状の構造と非入れ子状の構造

図3 では異なる個体同士がグループを構成していますが、その他の階層構造もあります。例えば 図4 に示すように、同じ被験者に対し複数回の測定値が得られる場合も、同じ被験者の測定値は似通っていますから「測定値－被験者」という階層構造となり、マルチレベルモデルの一種と見なされます。特に 図4 の場合は繰り返し測定データあるいは経時測定データなどと呼ばれ、主に医薬分野で広く応用されています。そして、それ相応の分析法が開発されていますが、それらの解説は専門の書籍に譲り、本章では扱わないこととします。

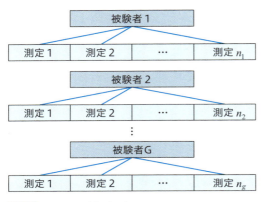

図4 繰り返し測定データ

図3で表されるデータ構造は、すべての個体が特定のグループにのみ属していることから、**入れ子状（nested）の構造を持つデータ**といわれます。それに対し、例えば職業構造の調査などでは、各個体は特定の地域に属すると同時に特定の職業分類に属していて、地域と職業分類の間に包含関係はないので、図3とは異なる構造を示します。このような場合は**非入れ子状（non-nested）の構造を持つデータ**といいますが、以下では入れ子状のデータのみを扱います。

6.2 マルチレベルモデルとマルチレベル分析

> ここでは、マルチレベル分析のモデルであるマルチレベルモデルが、統計的分析法の中でどのような位置付けにあるのかを述べ、その分析法について議論します。

6.2.1 complete pooling と no pooling

「個体-グループ」の2層構造を持つデータによる回帰分析を考えます（回帰分析については、**第3章**および**第4章**を参照してください）。第1層が個体で第2層がグループです。第2層のグループ数が G で、第 g グループからは $n^{(g)}$ 人の個体が選ばれているとし $(g=1,\ldots,G)$、全個体数を $n = n^{(1)} + \cdots + n^{(G)}$ とします。第 i 番目の個体がグループ g に属しているとき、その説明変数の値を $x_i^{(g)}$ と書き、目的変数を表す確率変数を $Y_i^{(g)}$ とします。このとき、グループを全く考慮しない場合の単回帰モデルは次式となります。

$$Y_i^{(g)} = \alpha + \beta x_i^{(g)} + \varepsilon_i^{(g)}, \ \varepsilon_i^{(g)} \sim N\left(0, \sigma_\varepsilon^2\right), \ i=1,\ldots,n \qquad (1)$$

ここで $y = \alpha + \beta x$ は**回帰直線**で、直線の切片 α および傾き（回帰係数）β はいずれも未知の定数（パラメータ）です。また $\varepsilon_i^{(g)} \sim N\left(0, \sigma_\varepsilon^2\right)$ は、偶然変動項 $\varepsilon_i^{(g)}$ がグループによらず期待値 0 で分散 σ_ε^2 の正規分布に従うことを表します。グループを区別せずにすべての個体を統合して（プールして）同じように扱うという意味で、**complete pooling** といいます。

それに対し、回帰係数は各グループで同じであるが切片がグループごとに異なるとするモデルは、

$$Y_i^{(g)} = \alpha^{(g)} + \beta x_i^{(g)} + \varepsilon_i^{(g)}, \ \varepsilon_i^{(g)} \sim N\left(0, \sigma_\varepsilon^2\right), \ i=1,\ldots,n \qquad (2)$$

と表現されます。ここで $\alpha^{(g)}$ は第 g グループの特徴を示す未知定数、β は

共通の傾きを示す未知定数です。偶然変動項$\varepsilon_i^{(g)}$の分布はグループ間で同じと仮定しています。

通常の（1）のような回帰モデルでは、切片αは$x=0$のときのyの値ですので、$x=0$が実質的な意味を持たない場合には切片の値自身には何ら意味がありません。しかし、（2）の直線の傾きは同じとしたモデルでは、回帰直線は平行ですので切片$\alpha^{(g)}$の値そのものには意味がないかもしれませんが、それらの群間での差は各直線間の距離を表すという意味で、統計分析上重要なものとなります。

切片に加え傾きもグループごとに異なるとするモデルは次式となります。

$$Y_i^{(g)} = \alpha^{(g)} + \beta^{(g)} x_i^{(g)} + \varepsilon_i^{(g)}, \ \ \varepsilon_i^{(g)} \sim N\left(0, \sigma_\varepsilon^2\right), \ i = 1, \dots, n \quad (3)$$

ここで$\alpha^{(g)}$と$\beta^{(g)}$はそれぞれgごとに定まる未知定数です。ここでも偶然変動項$\varepsilon_i^{(g)}$の分布は群間で同じと仮定しています。(2) もしくは (3) のモデルに対し、グループごとに個別に回帰式を求めるとした場合、異なるグループのデータは統合しない（プールしない）という意味で**no pooling**での解析といいます。

表1 は、complete poolingのときの（1）の回帰モデルに基づく回帰分析の結果です（Excelの「分析ツール」の「回帰分析」の出力）。**表2** は、傾きは同じであるが切片が異なるとしたモデル（2）に基づく推定結果と、切片も傾きも異なるとしたときのモデル（3）に基づく推定結果の一覧です。

切片も傾きも異なるとしたときの「人文1」、「社会1」、「理工1」の回帰直線は **図2** に示してあります。それぞれの場合での回帰直線を集めたのが **図5** です。**表2** および **図5** からは、特に切片も傾きも異なるとした（3）に基づく推定結果はかなりばらつきがあって、推定値に一貫性が見られないことがわかります。これは、データ数が少ないためです。

表1 complete pooling のときの全体の回帰分析の結果

回帰統計	
重相関 R	0.902
重決定 $R2$	0.813
補正 $R2$	0.809
標準誤差	65.591
観測数	50

分散分析表

	自由度	変動	分散	分散比	有意F
回帰	1	896258.4	896258.4	208.327	0.0
残差	48	206504.1	4302.2		
合計	49	1102762.5			

	係数	標準誤差	t	P-値	下限 95%	上限 95%
切片	23.611	28.168	0.838	0.406	-33.025	80.247
1 回目	1.044	0.072	14.434	0.000	0.899	1.189

表2 complete pooling での全体と no pooling での各学科の回帰分析の結果

(a) 切片のみ異なる場合

全体	50	62.308	0.939
学科	n	切片	傾き
人文1	5	169.606	0.939
人文2	5	35.241	0.939
人文3	5	21.423	0.939
人文4	5	72.302	0.939
社会1	5	65.751	0.939
社会2	5	43.506	0.939
社会3	5	74.180	0.939
理工1	5	58.731	0.939
理工2	5	25.058	0.939
理工3	5	57.283	0.939

(b) 切片も傾きも異なる場合

全体	50	23.611	1.044	0.813
学科	n	切片	傾き	決定係数
人文1	5	396.360	0.525	0.792
人文2	5	-24.090	1.110	0.921
人文3	5	99.739	0.781	0.819
人文4	5	-37.805	1.255	0.912
社会1	5	34.236	1.032	0.929
社会2	5	162.808	0.628	0.477
社会3	5	174.956	0.648	0.249
理工1	5	4.371	1.116	0.899
理工2	5	130.649	0.581	0.232
理工3	5	-37.564	1.295	0.679

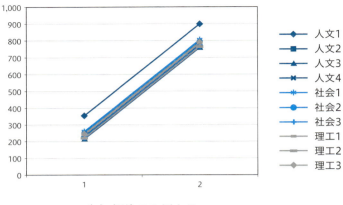

（a）切片のみ異なる

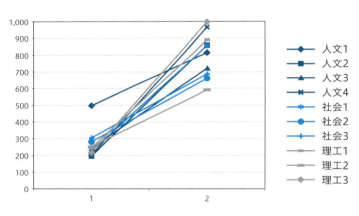

（b）切片も傾きも異なる

図5 no poolingのときの各学科の回帰直線

次に述べるマルチレベルモデルは、これらのcomplete poolingとno poolingの中間のモデルと位置付けられます。

6.2.2 切片変動モデル

始めに切片のみが異なるとするモデル（2）を扱います。モデル（2）では、切片$\alpha^{(g)}$はグループごとの固有の値とされていました。各グループ同

士は回帰直線の傾きこそ同じであるものの、切片は相互に関係がなく、全く別個に推定していることに相当します。中には他とは顕著に異なる値もあるかもしれません。しかしこれまでの例では、英語能力テストの点数という同じ測定項目を扱っていて、しかも同じ大学内の学科ですから、各学科は相互に全く無関係という訳ではなく、それらの間には相互の類似性といった何らかの関係があるはずです。その何らかの関係を考慮しているのが**マルチレベルモデル**です。

ここでは、回帰モデルにおける切片間の相互の関係として、それら切片全体が何らかの分布に従っていると想定します。すなわち、第gグループの切片$\alpha^{(g)}$に対して、

$$\alpha^{(g)} \sim N\left(\mu_\alpha, \sigma_\alpha^{\ 2}\right), \quad g = 1, \ldots, G \tag{4}$$

と仮定します。これを**切片変動モデル**(varying intercept model)といいます(図6参照)。

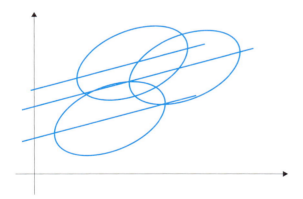

図6 切片変動モデルのイメージ図

モデル(4)での正規分布の想定は、各切片$\alpha^{(g)}$はμ_αを中心におおむね左右対称に分布し、とんでもなく飛び離れた値にはならないだろうという条件を課していることに相当します。マルチレベルモデルでは、飛び離れた推定値があった場合でも、データ数が少ないためたまたま得られたのであって、本来はもっと他のグループの値に近いだろう、という解釈をします。

切片変動モデル (4) で、$\xi^{(g)}$ を $N\left(0, \sigma_\alpha{}^2\right)$ に従う確率変数として $\alpha^{(g)} = \mu_\alpha + \xi^{(g)}$ と置くことにより、(2) は、

$$
\begin{aligned}
&Y_i^{(g)} = \mu_\alpha + \beta x_i^{(g)} + \xi^{(g)} + \varepsilon_i^{(g)}, \\
&\xi^{(g)} \sim N\left(0, \sigma_\alpha{}^2\right),\ \varepsilon_i^{(g)} \sim N\left(0, \sigma_\varepsilon{}^2\right),\ i = 1, \ldots, n,\ \ g = 1, \ldots, G
\end{aligned}
\tag{5}
$$

とも表現されます。ここで、$\xi^{(g)}$ と $\varepsilon_i^{(g)}$ という2つの確率変数が登場していますが、$\xi^{(g)}$ はグループ間の差異を表す確率変数であり、$\varepsilon_i^{(g)}$ はグループ内での各個体の変動を表していて、それらは互いに独立であると仮定されます。また、(5) では $\varepsilon_i^{(g)}$ の分布はグループ g に依存していませんので、上付き添字の (g) を省略してもよいのですが、モデルによってはグループごとに異なる分散を想定することもあり得ますので、ここでは上付き添字を付けて表しています。

関係式 (4) での $\alpha^{(g)}$ あるいは (5) での $\xi^{(g)}$ の分散 $\sigma_\varepsilon{}^2$ を0とすると、各 $\alpha^{(g)}$ は同じ値 α となって、すべてのデータは単一の分布に従うことになり complete pooling の状況になります。逆に分散 $\sigma_\varepsilon{}^2$ を ∞ とすると、切片の分布に何ら制約はなく自由に値を取ることができるという意味で (2) の no pooling となります（なお、no pooling では $\alpha^{(g)}$ は定数としていて分散が無限大の確率変数と見ている訳ではありません）。したがって、$0 < \sigma_\alpha{}^2 < \infty$ であれば、それは complete pooling と no pooling の中間のモデルを与えていると見なされます。

モデル (5) より、$Y_i^{(g)}$ の分散 $\sigma_Y{}^2$ は、$\xi^{(g)}$ と $\varepsilon_i^{(g)}$ が独立と仮定されているので、

$$
\sigma_Y{}^2 = V\left[Y_i^{(g)}\right] = V\left[\xi^{(g)}\right] + V\left[\varepsilon_i^{(g)}\right] = \sigma_\alpha{}^2 + \sigma_\varepsilon{}^2
\tag{6}
$$

と、グループ間分散 $\sigma_\alpha{}^2 = V\left[\xi^{(g)}\right]$ とグループ内分散 $\sigma_\varepsilon{}^2 = V\left[\varepsilon_i^{(g)}\right]$ の和として表されます。

同じグループ g に属する2個体 i と $j\left(i \neq j\right)$ については、$\xi^{(g)}$ と $\varepsilon_i^{(g)}$ の独立性より、

$$
Cov\left[Y_i^{(g)}, Y_j^{(g)}\right] = V\left[\xi^{(g)}\right] = \sigma_\alpha{}^2
$$

となりますから、それらの間の相関係数は

$$\rho = R[Y_i^{(g)}, Y_j^{(g)}] = \frac{\sigma_\alpha^2}{\sigma_\alpha^2 + \sigma_\varepsilon^2} = \frac{1}{1 + (\sigma_\varepsilon^2 / \sigma_\alpha^2)} \quad (= \text{ICC}) \qquad (7)$$

となり、これを**級内相関係数**（intraclass correlation coefficient = ICC）といいます。相関係数（7）はすべての i, j に対して同じ値となるので、同じグループ内での相関行列は、非対角要素がすべて ρ の行列となります。ICCは、グループ間の差が全くない $\left(\sigma_\alpha^2 = 0\right)$ とき 0 となり、グループ内における個体間のばらつきが全くない $\left(\sigma_\varepsilon^2 = 0\right)$ とき 1 となります。また、$\sigma_\alpha^2 = \sigma_\varepsilon^2$ のときに $\rho = 0.5$ となることもわかります。

● ICC について

ICCの解釈に多少誤解があることが多いようなのでここで注意しておきます。ICCは、同じグループ内から任意に観測値のペア $\left(Y_i^{(g)}, Y_j^{(g)}\right)$ を1組ないしは複数組得るという作業を各グループについて行った際に得られた、ペアに関する相関係数です。同じグループ内（$\xi^{(g)}$ は一定値）では観測値は独立です。繰り返し測定データの言葉でいうと、同じ被験者に関する2つの観測値の**被験者間での相関係数がICC**で、少なくとも（5）のモデルの下では、同じ被験者における観測値は独立です。同じ被験者内での観測値間に相関があるとするのであれば、同じグループ内での $\varepsilon_i^{(g)}$ 間に相関構造を想定する必要があります。その場合は偶然変動項 $\varepsilon_i^{(g)}$ に1次の**自己回帰過程**（AR（1））などの構造を入れることになるでしょう。

● 切片変動モデルにおける推定値

切片変動モデル（5）におけるグループ g に関する定数項 $\alpha^{(g)}$ の推定値 $\hat{\alpha}^{(g)}$ は、complete pooling での推定値を $\hat{\alpha}_{\text{complete}}$、no pooling における推定値を $\hat{\alpha}_{\text{no-pooling}}$ としたとき、近似的に、

$$\hat{\alpha}^{(g)} = \frac{n^{(g)} / \sigma_\varepsilon{}^2}{(n^{(g)} / \sigma_\varepsilon{}^2) + (1 / \sigma_\alpha{}^2)} \hat{\alpha}^{(g)}_{\text{no-pooling}} + \frac{1 / \sigma_\alpha{}^2}{(n^{(g)} / \sigma_\varepsilon{}^2) + (1 / \sigma_\alpha{}^2)} \hat{\alpha}_{\text{complete}}$$

$$= \frac{n^{(g)}}{n^{(g)} + (\sigma_\varepsilon{}^2 / \sigma_\alpha{}^2)} \hat{\alpha}^{(g)}_{\text{no-pooling}} + \frac{\sigma_\varepsilon{}^2 / \sigma_\alpha{}^2}{n^{(g)} + (\sigma_\varepsilon{}^2 / \sigma_\alpha{}^2)} \hat{\alpha}_{\text{complete}} \tag{8}$$

となります。$\hat{\alpha}_{\text{complete}}$ および $\hat{\alpha}^{(g)}_{\text{no-pooling}}$ の具体的な形は、それぞれ後述する（11）および（12）で与えられます。

関係式（8）より、マルチレベルモデルでの推定値は no pooling での推定値と complete pooling での推定値の重み付き和、すなわち C_1 と C_2 を $C_1 + C_2 = 1$ となる定数としたときの、それらを係数とした和となっていて、これからもマルチレベルモデルが complete pooling と no pooling の中間モデルであることがわかります。

関係式（8）より、$n^{(g)} > \sigma_\varepsilon{}^2 / \sigma_\alpha{}^2$ のとき、$\hat{\alpha}_g$ は $\hat{\alpha}_{\text{complete}}$ よりも $\hat{\alpha}^{(g)}_{\text{no-pooling}}$ に近くなります。この条件は、（7）より $\sigma_\varepsilon{}^2 / \sigma_\alpha{}^2 = (1 - \text{ICC}) / \text{ICC}$ ですので、$n^{(g)} > (1 - \text{ICC}) / \text{ICC}$ とも表されます。逆にいえば、グループ間分散 $\sigma_\alpha{}^2$ が小さいほど、あるいはグループ g での観測値数 $n^{(g)}$ が少ないほど、$\alpha^{(g)}$ のマルチレベル推定値はグループ g 単独での推定値 $\hat{\alpha}_{\text{no-pooling}}$ よりもグループを考慮しない $\hat{\alpha}_{\text{complete}}$ に近くなります。

グループのレベルで、$Y_i^{(g)}$ の予測に寄与するグループ g に特有の何らかの変量 $\hat{u}^{(g)}$ が観測されることもあります。この場合のモデルは、

$$Y_i^{(g)} = \alpha^{(g)} + \beta x_i^{(g)} + \varepsilon_i^{(g)}, \quad \varepsilon_i \sim N\left(0, \sigma_\varepsilon{}^2\right), \quad i = 1, \ldots, n$$

$$\alpha^{(g)} \sim N\left(\gamma_0 + \gamma_1 u^{(g)}, \sigma_\alpha{}^2\right), \quad g = 1, \ldots, G \tag{9}$$

となります。

🔷 6.2.3　切片および傾き変動モデル

次に切片および傾きが共に異なるとしたモデル（3）において、切片 $\alpha^{(g)}$ および傾き $\beta^{(g)}$ を共に確率変数の実現値と見なすモデルを導入します。このモデルでは

$$\begin{pmatrix} \alpha^{(g)} \\ \beta^{(g)} \end{pmatrix} \sim N_2 \left(\begin{pmatrix} \mu_\alpha \\ \mu_\beta \end{pmatrix}, \begin{pmatrix} \sigma_\alpha^2 & \sigma_{\alpha\beta} \\ \sigma_{\alpha\beta} & \sigma_\beta^2 \end{pmatrix} \right) \tag{10}$$

と想定し、**切片および傾き変動モデル**（varying intercept and varying slope model）といいます（**図7** 参照）。ここで $N_2(\boldsymbol{\mu}, \Sigma)$ は、平均ベクトル $\boldsymbol{\mu}$、分散共分散行列 Σ の2変量正規分布を表します。

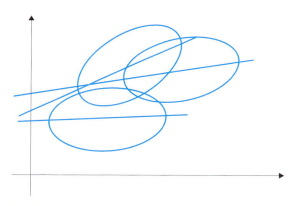

図7 切片および傾き変動モデルのイメージ図

　上述したように傾きが同じモデル（2）もしくは切片変動モデル（5）では回帰直線が平行になることから、切片の差は実質上の意味を持ちます。しかし、傾きも異なるとするモデルでは、**図7** からも見て取れるように、$x=0$ に実際上の意味がない場合には切片の値を考察の対象とするのは妥当ではありません。その際には、説明変数 $x_i^{(g)}$ からある値 m を引いた $x_i^{(g)*} = x_i^{(g)} - m$ を説明変数に取るのがよいでしょう。定数 m としては、データ全体での $x_i^{(g)}$ の平均値とするのが一般的です。

6.3 計算例とその解釈

ここではマルチレベル分析の例として、これまで取り上げたS大学における学科ごとの英語能力テストを取り上げて詳しく述べます。学生を社員、学科を支社と読み替えるなどすれば様々な分野に応用できます。

6.3.1 第2層のみの結果

各学科の1回目および2回目のテストの平均値は 表3 のようで、それを散布図にプロットして回帰直線を描き入れたのが 図8 です。

表3 各学科の2回のテストの平均値

学科	1回目	2回目
人文1	549	685
人文2	347	361
人文3	497	488
人文4	348	399
社会1	339	384
社会2	384	404
社会3	346	399
理工1	306	346
理工2	295	302
理工3	266	307

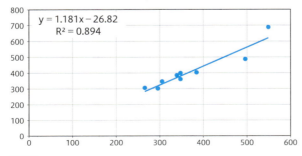

図8 平均値同士の散布図と回帰直線

図8 の回帰直線は第2層の学科間の関係のみを表すもので、それぞれの学科内での各個体間のばらつきが考慮されていないことから、決定係数は $R^2 = 0.894$ と極めて大きな値となっています。2回のテストでの相関は個人に関するものですので、このような集団同士の関係をもって個人での関係とするのは誤りです。これは**回帰の誤謬**（regression fallacy）あるいは**集計による誤謬**（aggregation fallacy）と呼ばれる現象で、平均値同士の関係はことさらに変量間の関係性が強く印象付けられることから、出力結果の解釈には注意する必要があります。

6.3.2　complete poolingとno poolingでの推定

全部で n 組の観測データ $\left(x_i^{(g)}, y_i^{(g)}\right)$, $i = 1, \ldots, n$ に対し、全体の平均と分散および共分散をそれぞれ、

$$\overline{x} = \frac{1}{n}\sum_{i=1}^{n} x_i^{(g)}, \quad \overline{y} = \frac{1}{n}\sum_{i=1}^{n} y_i^{(g)},$$

$$s_x^{\,2} = \frac{1}{n-1}\sum_{i=1}^{n}(x_i^{(g)} - \overline{x})^2, \quad s_y^{\,2} = \frac{1}{n-1}\sum_{i=1}^{n}(y_i^{(g)} - \overline{y})^2,$$

$$s_{xy} = \frac{1}{n-1}\sum_{i=1}^{n}(x_i^{(g)} - \overline{x})(y_i^{(g)} - \overline{y})$$

とすると、モデル（1）のcomplete poolingでの傾きと切片の推定値は、

$$\hat{\beta}_{\text{complete}} = \frac{s_{xy}}{s_x^{\,2}}, \quad \hat{\alpha}_{\text{complete}} = \overline{y} - \hat{\beta}\,\overline{x} \tag{11}$$

で与えられます。通常の単回帰分析ですので、Excelの「分析ツール」の「回帰分析」により簡単に結果を得ることができます。計算結果が **表1** です。

また、第 g グループの平均と偏差平方和および偏差積和をそれぞれ、

$$\overline{x}^{(g)} = \frac{1}{n^{(g)}} \sum_{i \in g} x_i^{(g)}, \quad \overline{y}^{(g)} = \frac{1}{n^{(g)}} \sum_{i \in g} y_i^{(g)},$$

$$A_x^{(g)} = \sum_{i \in g} (x_i^{(g)} - \overline{x}^{(g)})^2, \quad A_y^{(g)} = \sum_{i \in g} (y_i^{(g)} - \overline{y}^{(g)})^2,$$

$$A_{xy}^{(g)} = \sum_{i \in g} (x_i^{(g)} - \overline{x}^{(g)})(y_i - \overline{y}^{(g)})$$

とすると、各グループでの分散および共分散はそれぞれ、

$$s_x^{2(g)} = \frac{1}{n^{(g)} - 1} A_x^{(g)}, \quad s_y^{2(g)} = \frac{1}{n^{(g)} - 1} A_y^{(g)}, \quad s_{xy}^{(g)} = \frac{1}{n^{(g)} - 1} A_{xy}^{(g)}$$

となり、モデル（3）におけるグループgでの no pooling での傾きと切片の推定値は、

$$\hat{\beta}_{\text{no-pooling}}^{(g)} = \frac{s_{xy}^{(g)}}{s_x^{2(g)}}, \quad \hat{\alpha}_{\text{no-pooling}}^{(g)} = \overline{y}^{(g)} - \hat{\beta}^{(g)} \overline{x}^{(g)} \quad (g = 1, \dots, G) \quad (12)$$

で与えられます。これらはグループごとの単回帰分析により求めることができます。計算結果は **表2** の右側です。

　傾きが共通であると仮定されたモデル（2）では、（11）あるいは（12）に示したように、回帰直線の傾きは$\dfrac{x と y の共分散}{x の分散}$ですので、各グループでこの比が同じであれば、グループごとに共分散やxの分散が異なってもいいことになります。しかし通常は、これらの比だけでなく各グループで共分散もxの分散も同じと仮定されます（**図6** の状況です）。その仮定の下で、共通の各変量の分散および共分散は、

$$s_x^2 = \frac{1}{n - G} \sum_{g=1}^{G} A_x^{(g)}, \quad s_y^2 = \frac{1}{n - G} \sum_{g=1}^{G} A_y^{(g)}, \quad s_{xy} = \frac{1}{n - G} \sum_{g=1}^{G} A_{xy}^{(g)}$$

となります。これらを用いて、共通の傾きβの推定値は、

$$\hat{\beta} = \frac{s_{xy}}{s_x^2} \tag{13}$$

となり、グループごとの切片は次式で求められます。

$$\hat{\alpha}^{(g)} = \bar{y}^{(g)} - \hat{\beta}\bar{x}^{(g)} \tag{14}$$

通常の回帰分析ツールで結果を求めるにはダミー変数を使います。グループ g を表すダミー変数を、

$$\delta_i^{(g)} = \begin{cases} 1 & (i \in \ \text{グループ} \ g) \\ 0 & (i \notin \ \text{グループ} \ g) \end{cases}$$

と定義し、定数項を含まないモデル

$$Y_i^{(g)} = \beta x_i^{(g)} + \gamma^{(1)}\delta_i^{(1)} + \cdots + \gamma^{(G)}\delta_i^{(G)} \tag{15}$$

を想定した重回帰分析によって β の推定値が得られます。これらの計算結果が **表2** の左側です。ただし（15）のような定数項を含まないモデルでの決定係数や検定結果の解釈には注意が必要です。

🔷 6.3.3 マルチレベルモデルでの推定

マルチレベルモデルの下でのパラメータの推定は、かなり複雑なアルゴリズムを必要としますので、何らかの統計ソフトウエアを用いるのがいいでしょう。SASやSPSSなどのような商用ソフトウエアにはマルチレベル分析のプロシジャが搭載されていますし、Rなどのフリーのソフトウエアにもマルチレベル分析のライブラリが用意されています。ここでの計算にはSPSSを用いました。

上述したcomplete poolingのときとno poolingのときの2つの計算結果およびSPSSを用いたマルチレベルモデルの切片変動モデルでの傾き β の推定値は、**表4** のようになりました。マルチレベルモデルでの推定値はcomplete poolingのときとno poolingのときの推定値の中間に位置しています。

表4 傾きの3種類の推定法の出力の比較

	係数	標準誤差	t	P-値	下限 95%	上限 95%
Complete pool	1.044	0.072	14.434	0.000	0.899	1.189
No pool	0.939	0.087	10.849	0.000	0.764	1.114
Multilevel	0.999	0.075	13.296	0.000	0.848	1.151

　マルチレベルでの各グループの切片の推定には（8）の関係式を用います。（8）の係数は母分散$\sigma_\alpha{}^2$と$\sigma_\varepsilon{}^2$で表現されていますが、実際の計算ではこれらの推定値を用います。分散の関係式（6）の$\sigma_Y{}^2$の推定値$s_Y{}^2$は、complete poolingの計算結果から得られます。本章の例では **表1** の「分散分析表」の「残差」の「分散」から$s_Y{}^2 = 4302.2$です（「回帰統計」の「標準誤差」の2乗$(65.591)^2$でもあります）。誤差分散$\sigma_\varepsilon{}^2$の推定値$s_e{}^2$は、各グループでの傾きを同じとしたno poolingでの計算結果から得られ、ここでの例では、$s_e{}^2 = 3483.8$でした。第2層のグループ間の分散$\sigma_\alpha{}^2$の推定値$s_a{}^2$は、関係式（6）より、

$$s_a{}^2 = s_Y{}^2 - s_e{}^2 = 4302.2 - 3483.8 = 818.4$$

となります。これより、マルチレベルモデルでの各グループの切片を求める式における係数は、$n^{(g)} = 5\,(g = 1,\ldots,10)$、$s_e{}^2 / s_a{}^2 = 3483.8 / 818.4 = 4.257$より、

$$\frac{5}{5 + 4.257} = 0.54, \quad \frac{4.257}{5 + 4.257} = 0.46$$

となることから、

$$\hat{\alpha}^{(g)} = 0.54\,\hat{\alpha}_{\text{no-pooling}} + 0.46\,\hat{\alpha}_{\text{complete}}$$

となります。

　実際に計算した結果は **表5** です。マルチレベルモデルによる推定値は、no poolingでの推定値よりcomplete poolingでの全体の推定値に近くなっていることがわかります。データ数が少なくてno poolingでかなりばらつきのあった個々の推定値が、他のグループの情報も加味することに

よって安定した値となっていることがわかります。

表5 no poolingとマルチレベルモデルでの切片

学科	Complete	
	23.611	
	No-pool	MULTI
人文1	396.610	225.083
人文2	-24.090	-2.154
人文3	99.739	64.731
人文4	-37.805	-9.562
社会1	34.236	29.350
社会2	162.810	98.798
社会3	174.960	105.361
理工1	4.371	13.219
理工2	130.650	81.427
理工3	-37.564	-9.432

6.3.4 データの分解とモデル

データは、漫然と眺めるのではなく、想定したモデルに従って分解することで理解が深まります。これまで定義された記号を用いると、第gグループにおける回帰式による予測値は、

$$\hat{y}^{(g)} = \hat{\alpha}^{(g)} + \hat{\beta}^{(g)} x^{(g)}$$
$$= \{\hat{\alpha} + \hat{\beta} x^{(g)}\} + \{(\hat{\alpha}^{(g)} - \hat{\alpha}) + (\hat{\beta}^{(g)} - \hat{\beta}) x^{(g)}\} \tag{16}$$

と表されます。グループごとで回帰の傾きは同じであるが切片は異なるモデルは、(16) で $\hat{\beta}^{(g)} - \hat{\beta} = 0$ として、

$$\hat{y}^{(g)} = \hat{\alpha} + (\hat{\alpha}^{(g)} - \hat{\alpha}) + \hat{\beta} x^{(g)} \tag{17}$$

となります。予測式 (16) は、グループごとに別々の回帰式 $\hat{y}^{(g)} = \hat{\alpha}^{(g)} + \hat{\beta}^{(g)} \hat{x}^{(g)}$ を想定していて、**6.2** でのno poolingでのモデルとなります。こ

のモデルでは、グループごとの切片と傾きを別個に求めて解釈をすることになります。

また、(17) においても傾きは同じであるが第 g 群の切片 $\hat{\alpha}^{(g)}$ は、グループごとに異なる独自の定数であると想定されています。グループごとの差異が全くないとすれば (16) の2行目の式の第2項が0になり、$\hat{y}^{(g)} = \hat{\alpha} + \hat{\beta} x^{(g)}$ とすべてのデータをプールした通常の単回帰分析となります。つまり complete pooling の状況です。

一方、各グループ間には何らかの類似性があるとして、その類似性を確率分布として表現したのがマルチレベルモデルです。関係式 (17) における $\hat{\alpha}^{(g)}$ にのみ確率分布を想定したのが切片変動モデルで、関係式 (16) における $\hat{\alpha}^{(g)}$ と $\hat{\beta}^{(g)}$ に2次元分布を想定したのが切片および傾き変動モデルです。マルチレベルモデルでは、グループごとの推定値そのものに興味があるというより、それらを生み出す確率分布におけるパラメータを推測の対象とします。個々のグループでの値は、想定された分布におけるパラメータの推定値を用いて求められます。

ここで示した計算はかなり複雑ですが、データサイエンティストとしては、これらを理解した上で、そのエッセンスをわかりやすく説明する力が問われます。

6.4 統計手法の概説（階層データのモデル）

階層構造を持つデータでは、第1層での個体の分布を特徴付けるパラメータがグループごとに異なることを加味してモデル化します。例えば、グループ g での分布は、期待値がグループごとに異なる正規分布 $N\left(\mu^{(g)}, \sigma^2\right)$ であるが、その期待値が例えば $N\left(\theta, \tau^2\right)$ に従うと想定します。このとき、個体の母集団全体での分布はどのようになるかに興味があります。ここでの定式化は、個体を表す分布のパラメータに何らかの確率分布を想定するという意味で、ベイズ理論（Bayes theory）とも密接な関係があります。なお以下では、記述の煩雑さを避けるためグループを示す上付き添字 (g) を省略します。近年、ベイズ理論は、データサイエンスで注目を集めています。

6.4.1 正規分布

確率変数 X はグループ内では期待値 μ、分散 σ^2 を持つ正規分布 $N\left(\mu, \sigma^2\right)$ に従うが、グループ平均 μ は母集団全体で正規分布 $N\left(\theta, \tau^2\right)$ に従うとします。$N\left(\mu, \sigma^2\right)$ の確率密度関数は、

$$f(x; \mu, \sigma^2) = \frac{1}{\sqrt{2\pi}\sigma} \exp\left[-\frac{(x-\mu)^2}{2\sigma^2}\right]$$

ですので、X の母集団全体での確率密度関数を $g(x)$ とすると、指数関数を $\exp[x] = e^x$ と表して、若干の計算の結果、

$$
\begin{aligned}
g(x) &= \int_{-\infty}^{\infty} f(x; \mu, \sigma^2) f(\mu; \theta, \tau^2) d\mu \\
&= \int_{-\infty}^{\infty} \frac{1}{\sqrt{2\pi}\sigma} \exp\left[-\frac{(x-\mu)^2}{2\sigma^2}\right] \frac{1}{\sqrt{2\pi}\tau} \exp\left[-\frac{(\mu-\theta)^2}{2\tau^2}\right] d\mu \\
&= \frac{1}{\sqrt{2\pi}\sqrt{\sigma^2+\tau^2}} \exp\left[-\frac{(x-\theta)^2}{2(\sigma^2+\tau^2)}\right]
\end{aligned}
$$

を得ます。これは正規分布 $N\left(\theta, \sigma^2+\tau^2\right)$ の**確率密度関数**です。すなわち、母集団全体での X の分布も正規分布で、その期待値はグループ平均 μ

の母集団全体での期待値のθであり、分散はグループ内での分散σ^2とグループ間での分散τ^2の和となるという、極めてわかりやすい結果となっています。

図9 はグループごとの分布が$N(\mu, 10^2)$でグループ平均μの分布が$N(60, 5^2)$である場合の図示です。グループ平均の分布が正規分布ですので、上述のように全体での分布も正規分布になり、その期待値は60、分散は$10^2 + 5^2 = 125$となります。

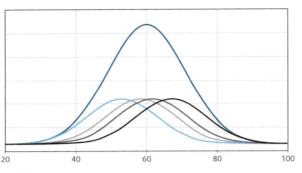

図9 グループごとの分布と全体の分布

6.4.2 二項分布

試行結果が成功と失敗のいずれかであり、成功の確率がpである試行を独立にn回繰り返したときの成功の回数を表す確率変数をXとしたとき、Xがxとなる確率は、次式となります。

$$p(x) = P(X = x) = {}_nC_x p^x (1-p)^{n-x} \quad (x = 0, 1, \ldots, n)$$

この確率分布を試行回数n、成功の確率pの**二項分布**（binomial distribution）といい、$B(n, p)$と表します。このとき、Xの期待値と分散はそれぞれ、

$$E[X] = np, \ V[X] = np(1-p)$$

であることが示されます。二項分布は、医薬品の有効者数や入試の合格者

数など多くの分野で応用される、基本的な離散型の確率分布です。

いま、成功の確率pが個体ごとに同じではなく、パラメータaおよびbの**ベータ分布**（Beta distribution）$Beta(a,b)$に従っている状況を考えます。医薬品の有効率や入試の合格率が全員同じではなく、個体ごとにあるいはグループごとに異なっている状況です。ベータ分布は区間$(0,1)$上の値を取る連続型の確率分布で、確率密度関数は、aおよびbを0よりも大きな定数として、

$$f(x;a,b) = \begin{cases} \dfrac{1}{\mathrm{B}(a,b)} x^{a-1}(1-x)^{b-1} & (0 \leq x \leq 1) \\ 0 & (\text{その他}) \end{cases}$$

で与えられます。ここで$\mathrm{B}(a,b)$は**ベータ関数**と呼ばれる特殊関数で、

$$\mathrm{B}(a,b) = \int_0^1 x^{a-1}(1-x)^{b-1} dx$$

で定義され、$\mathrm{B}(1,1)=1$、$\mathrm{B}(2,2)=1/6$、$\mathrm{B}(3,2)=1/12$、$\mathrm{B}(3,3)=1/30$などの値を取ります。ベータ分布の分布形は、$a=b$のときは$x=0.5$を中心に左右対称となり、aおよびbの値によって様々な形状を示します（図10参照）。

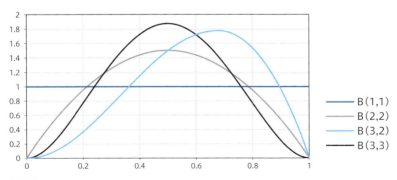

図10　いくつかのパラメータのベータ分布

$Beta(a,b)$に従う確率変数をXとしたとき、その期待値と分散はそれぞれ、

$$E[X] = \frac{a}{a+b} = \theta, \quad V[X] = \frac{ab}{(a+b)^2(a+b+1)} = \frac{\theta(1-\theta)}{a+b+1}$$

で与えられます。ここで、$\theta = a/(a+b)$と置きました。最頻値（モード）は、$a+b>2$では$x = \dfrac{a-1}{a+b-2}$となることが示されます。

確率変数Xがグループ内で二項分布$B(n,p)$に従い、各グループでの成功の確率pがベータ分布$Beta(a,b)$に従うとき、母集団全体でのXの分布は、

$$P(X=x) = \int_0^1 {}_nC_x\, p^x(1-p)^{n-x}\, \frac{1}{\mathrm{B}(a,b)}\, p^{a-1}(1-p)^{b-1}\, dp$$

を計算することにより、

$$P(X=x) = {}_nC_x\, \frac{(a)_x(b)_{n-x}}{(a+b)_n} \quad (x=0,1,\ldots,n)$$

で与えられます。ここで$(a)_x$は、

$$(a)_x = \frac{\Gamma(a+x)}{\Gamma(a)} = a(a+1)(a+2)\cdots(a+x-1)$$

で定義される昇べきの記号です（ただし$(a)_0 = 1$と定義）。この分布をパラメータa、bの**ベータ二項分布**（beta-binomial distribution）といい、$BB(n;a,b)$と書きます。Xを$BB(n;a,b)$に従う確率変数とするとき、その期待値と分散は、計算は厄介なのですが、

$$E[X] = n\cdot\frac{a}{a+b} = n\theta、\quad V[X] = \frac{nab(a+b+n)}{(a+b)^2(a+b+1)} = n\theta(1-\theta)\cdot\frac{a+b+n}{a+b+1}$$

であることが示されます。

図11 は、二項分布$B(10,0.6)$と、二項分布$B(10,p)$での成功の確率pがベータ分布$Beta(3,2)$に従うとしたときのいくつかの二項分布の確率を積み上げたベータ二項分布$BB(10;3,2)$の確率のグラフです。$B(10,0.6)$の期待値は$10\times0.6=6$で、分散は$10\times0.6\times0.4=2.4$であり、BB

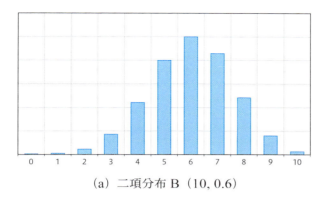

(a) 二項分布 B (10, 0.6)

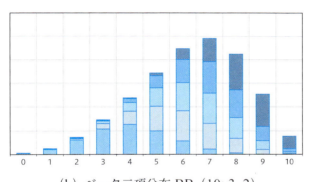

(b) ベータ二項分布 BB (10; 3, 2)

図11 二項分布とベータ二項分布

$(10, 3, 2)$ の期待値は $10 \times 0.6 = 6$ で、分散は、

$$10 \times 0.6 \times 0.4 \times \frac{3+2+10}{3+2+1} = 6$$

となります。二項分布では成功の確率は一定であるのに対し、ベータ二項分布では成功の確率が異なりますので、ベータ二項分布の分散のほうが大きくなります。

　二項分布では未知パラメータは成功の確率 p のみの1つですが、ベータ二項分布のパラメータは a と b の2つあります。二項分布が母集団すべてにおいて確率 p が同じと仮定されているのに対し、ベータ二項分布では、

確率pが一様でないとされ、モデル化の自由度が高まっています。二項分布はベータ分布での確率pの分布の分散を$0 (a+b \to \infty)$と置いた特別な場合と解釈できます。

CHAPTER

7

寿命をいかに測り分析するか
〜打ち切りとトランケーション〜

第 7 章の内容

工業製品の開発などでは、製品や部品の寿命を計測し分析することがよくあります。 表1 および 図1 は、ある機械部品の寿命試験の結果です。

表1 打ち切りのある寿命試験結果（単位：時間）

ID	1	2	3	4	5	6	7	8	9	10
寿命	4	5	7	9	14	14	23	30	30+	30+

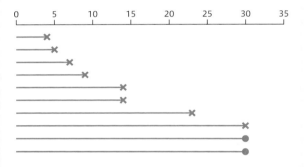

図1 寿命データ表示（●：寿命観測、×：打ち切り）

この種のデータの分析には注意が必要です。9番目と10番目のデータは30+となっていますが、その意味を知らなくてはなりません。データがどのように取られたのかの情報が必要で、10個の寿命試験を行ったが8個の寿命が観測された時点で試験を打ち切ったのか、あるいは、試験時間があらかじめ30時間と決められていて、その時点でたまたま8番目の部品の寿命が観測されたが2個の部品はまだ稼働していたのか、の区別が肝要です。それに加え、この種のデータの分析法に関する知識もなくてはなりません。

寿命データは、医療分野では患者さんの入院から退院までの時間、商業分野では電話の通話時間やショップでの顧客の接客時間など、工業製品だけでなく多くの分野で日常的に遭遇するものなので、その扱い方の知識とスキルが要求されます。

7.1 寿命データの特徴

データサイエンスの守備範囲は広く、伝統的な品質管理の世界も例外ではありません。データサイエンティストとしては、本章で述べるような分析法も理解する必要があります。寿命データの分析には、生存関数やハザード関数など、この分野特有の関数が重要な役割を果たします。また、データの打ち切りが多く見られるのもその特徴です。

7.1.1　打ち切りを含むデータから平均寿命求めるには

寿命試験のデータがすべて観測されていれば、その分析は容易です。

表2 は 表1 の打ち切り30＋の値がすべて観測されたとした、打ち切りのない全データです。

表2 打ち切りのない寿命試験結果（単位：時間）

ID	1	2	3	4	5	6	7	8	9	10
寿命	4	5	7	9	14	14	23	30	44	56

10個のデータの和は206ですので、平均寿命は、$206 / 10 = 20.6$と求められます。標準偏差は17.7で、これらの統計量に基づいた統計的な分析は、そう難しい話ではありません（**7.4**で詳述します）。

では、表1 の打ち切りを含むデータからその部品の平均寿命を求めるにはどうしたらよいのでしょうか。30＋という記号そのままでは、Excelを始めとする多くのソフトウエアでは計算してくれません。30＋となった2個の部品を無視して8個の部品だけの平均を求めると13.25になりますが、これは明らかに平均寿命の過小評価です。また、30＋を30として10個の平均を計算すると16.6になりますが、2個の部品の寿命は30よりも大きいのですから、これも平均寿命の過小評価になります。

この場合の正解の1つは、30＋を30として10個のデータの和（ここでは166）を求め、それを10で割って平均を求めるのではなく、寿命の値が実際に観測された個数の8で割って$166 / 8 = 20.75$とするものです。こ

れにより、全データのある 表2 から求めた平均値の20.6と極めて近い値を得ることができました。その理由は何か、あるいは寿命データ分析全般に関連した様々な事柄を以下で学んでいきます。

7.1.2　寿命データ解析とは

表1 のような機械部品の故障までの時間を計測するなど、ある種の事象（イベント）が生起するまでの時間を観測するという類の実験あるいは調査研究は、様々な分野で多く行われています。機械部品の稼働時間の他に、例えば薬剤開発の臨床試験で薬剤を投与してから病気が治るまでの時間や、あるいは逆に死亡に至るまでの時間を測る、あるショップに来店した客の接客時間を調べる、などです。

表1 のデータは機械部品の故障までの時間（単位：時間）ですが、それらをあるショップに来た人の接客時間（単位：分）とし、30分を超えるような人は別室に移動して別の担当者が対応するといった場合にも、同じようなデータが得られることでしょう。これらのデータの分析は、工業分野では故障時間解析、医学疫学分野では生存時間解析などと呼ばれますが、以下では一般的な言い方として、イベントの発生とそれに至る時間を計測するとし、**寿命データ**（lifetime data）の解析と総称することにします。

● 寿命データを扱う際の注意点

寿命と一口にいっても、機械部品などを扱う場合と接客時間のような人間をその対象とする場合では、その対応が変わってきます。人間の場合は、性別や年齢などの背景情報によってデータが特徴付けられるかもしれませんし、特に医療関係のデータでは倫理や個人情報保護の問題がかかわってきます。それに対し、研究の対象が機械部品などの工業製品の場合には、特に倫理の問題は生じませんし、個々の製品も個性的という訳でもありません。

ここではその種のデータの種類による差異には言及せず、寿命データの持つ統計的な側面に絞って議論することにします。しかしここで指摘したように、実データへの適用ではそのデータの持つ特徴を十二分に考慮する必要があります。データサイエンティストが身につけるべき素養といえる

でしょう。

🔷 7.1.3　記号の定義

　議論を進める前に記号をいくつか定義しておきます。記号で議論したほうがわかりやすいためです。寿命を表す変数をTとし、寿命がある値t以下となる、すなわち時点t以前に故障などのイベントが発生する確率を、

$$F(t) = P(T \leq t) \tag{1}$$

とします。Pは確率を表す記号です。ここで、$F(t)$は連続で微分可能な関数としておきます。逆に、寿命がtより長い、すなわち時点tではイベントが発生していない確率を、

$$S(t) = P(T > t) = 1 - F(t) \tag{2}$$

とします。また、イベントの起こりやすさを表す関数を、

$$f(t) = F'(t) \tag{3}$$

とします（$f(t)$は$F(x)$の導関数です）。寿命の値は明らかに0以上ですから、以降、特に断らない限り$t \geq 0$とします。

　$F(t)$はTの**累積分布関数**もしくは単に**分布関数**、$S(t)$は**生存関数**、$f(t)$は**確率密度関数**と呼ばれます。（3）で定義したように$f(t)$は$F(t)$の導関数ですので、逆に$F(t)$は$f(t)$の原始関数、すなわち

$$F(t) = \int_0^t f(x)\,dx \tag{4}$$

となります。**図2**にこれら3つの関数の例を1つ示します。

　図2の例では、（a）の確率密度関数$f(t)$の形から、イベントの発生確率は観測開始の$t = 0$から徐々に増加し、$t = 1$で最大値を取る、すなわち$t = 1$辺りで最もイベントが発生しやすく、その後徐々に確率が減少する様子が見て取れます。ただしここで注意すべきは、$f(t)$の関数の値がその時点でのイベントの発生確率を表してはいない、という点です。$t = 1$のと

き $f(1) = 0.368$ ですが、$t = 1$ 時点でイベントの発生確率が 0.368 という訳ではありません。確率は、(b) の累積分布関数 $F(t)$ で与えられます。

(a) $f(t)$

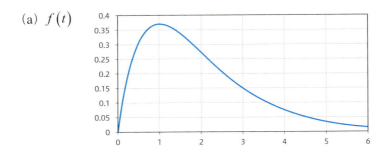

(b) $F(t)$

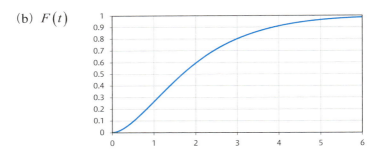

(c) $S(t)$

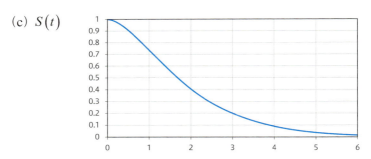

図2 確率密度関数、累積分布関数、生存関数の例

図2 の（b）では、$t = 1$時点以前にイベントが発生する確率は、$F(1) = P(T \leq 1) = 0.264$であり、$t = 2$時点以前にイベントが発生する確率は、$F(2) = P(T \leq 2) = 0.594$です。逆に$t = 1$時点までは故障などのイベントが発生せずに、機械部品であればそれが稼働している確率は、$S(1) = P(T > 1) = 1 - F(1) = 0.736$であり、$t = 2$時点でイベントが発生しない確率は、$S(2) = P(T > 2) = 1 - F(2) = 0.406$です。これより、イベントが$t = 1$時点から$t = 2$時点の間に発生する確率は、$P(1 < T \leq 2) = F(2) - F(1) = S(1) - S(2) = 0.330$となります。

一般に、（1）、（2）、（4）より確率は次のように計算されます。

$$P(a < T \leq b) = F(b) - F(a) = S(a) - S(b) = \int_a^b f(x)\,dx \tag{5}$$

なお、連続的な変数では、（5）の確率の不等式の不等号に等号があってもなくても値は同じとなることに注意します。すなわち、$P(a < T < b) = P(a \leq T \leq b)$です。

もう1つ、寿命データの解析で重要な役割を果たす関数を定義します。それは**ハザード関数**と呼ばれるもので、機械部品などの寿命解析では瞬間故障率を表す関数です。**瞬間故障率**とは、ある時点tまで稼働していた部品がtを超えた瞬間に故障する確率で、次式によって定義されます。

$$h(t) = \frac{f(t)}{1 - F(t)} = \frac{f(t)}{S(t)} \tag{6}$$

● 寿命データの特徴と関数

寿命データの特徴は、確率密度関数よりもハザード関数で表現されることが多くあります。工業製品の多くは、あるいは人間でも、**図3** のように稼働開始の初期段階では故障することが多く（**初期故障期**）、その後システムは安定的に推移して故障は稀に起こるだけであり（**ランダム故障期**）、稼働時間が長くなるにつれて様々な不具合が生じて故障率が増加する（**摩耗故障期**）という推移をたどるのが一般でしょう。

これらを表すのが（6）のハザード関数です。**図3** の推移を1つの関数

で表すのは困難ですので、上記の3期に分けてモデルとなる関数を設定するのがよいでしょう。

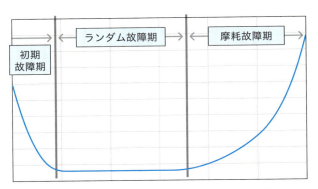

図3 瞬間故障率の推移例（横軸：時間、縦軸：瞬間故障率）

7.1.4 指数分布

多くの統計的データ解析で最もよく想定される確率分布は正規分布ですが、寿命データの解析では**指数分布**（exponential distribution）が重要な役割を果たします。ここでは指数分布を導入し、その統計的な性質を簡単に述べておきます。

指数分布の確率密度関数は、μ をある定数（パラメータ）として、

$$f(t) = \frac{1}{\mu} e^{-t/\mu} \quad (t \geq 0) \tag{7}$$

となります。あるいは $\lambda = 1/\mu$ と μ の逆数を取り、$f(t) = \lambda e^{-\lambda t}$ とされる場合もあります。ここで $e \approx 2.71828\cdots$ は自然対数の底です。

図4 に $\mu = 0.5, 1, 2$ に対応した確率密度関数 $f(t)$ を示しました。指数分布は μ の値を1つ定めると分布が定まります。またこの μ は分布の期待値（平均値）であり、かつ標準偏差であることが示されます（**7.4**参照）。記号では $E[T] = SD[T] = \mu$ と書きます。

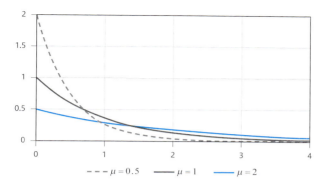

図4 指数分布の確率密度関数 ($\mu = 0.5, 1, 2$)

図4 からわかるように、指数分布では観測開始直後が最もイベントが起こりやすく、時間が経つにつれてイベントの生起確率が単調に減少します。また、μ の値が大きくなるにつれてイベントに至る平均時間が長くなります。指数分布の累積分布関数および生存関数は、

$$F(t) = 1 - e^{-t/\mu}, \quad S(t) = e^{-t/\mu} \tag{8}$$

となり、ハザード関数は（6）より、

$$h(t) = 1/\mu = \lambda \quad (t \geq 0) \tag{9}$$

と一定値となります。ハザード関数（9）から、μ が大きいほど、すなわち平均値が大きいと想定されるほど瞬間故障率は小さくなることもわかります。この瞬間故障率が時点 t に依存しないという性質は、指数分布を特徴付ける重要な特性で、指数分布が 図3 でいうランダム故障期に相当する故障モードのモデルであることを意味します。

さらに、指数分布は「無記憶性」という著しい性質を持ちます。言葉で表現すると、観測開始から時点 c まではイベントが観測されなかったことがわかっているときに、そこから時点 t（すなわち最初からだと時点 $c+t$）までにイベントが発生する確率は、観測を開始してから時点 t までにイベントが発生する確率に等しい、というものです。すなわち前者の時点 c までにイベントが発生しなかったという「記憶」が失われている、ということです。

これを式で書くと次のようになります。まず、最初から時点tまでにイベントが発生する確率は、(1)、(8) より $P(T \leq t) = 1 - e^{-t/\mu}$であることを確認しておきます。時点$c$までイベントが発生しなかったという条件の下で、その後の時点$c+t$までにイベントが発生するという確率は、条件付き確率の計算法により、

$$
\begin{aligned}
P(T \leq c+t \mid T > c) &= \frac{P(c < T \leq c+t)}{P(T > c)} \\
&= \frac{e^{-c/\mu} - e^{-(c+t)/\mu}}{e^{-c/\mu}} \\
&= \frac{e^{-c/\mu}(1 - e^{-t/\mu})}{e^{-c/\mu}} = 1 - e^{-t/\mu} \\
&= P(T \leq t)
\end{aligned}
$$

となって、観測の最初から時点tまでにイベントが発生する確率に等しくなることが示されます。この性質から、寿命Tの条件付き期待値が、次式であることが容易に示されます。

$$
E[T \mid T > c] = c + E[T] = c + \mu \tag{10}
$$

7.2 打ち切りとトランケーションの下での推定

ここでは、最初に打ち切り（censoring）とトランケーション（truncation）について述べます。

7.2.1　2種類の打ち切りとトランケーション

　寿命データの研究では、当初予定していた観測対象の寿命がすべて観測されるまで観察期間を設けるとなると、観測期間が極めて長くなってしまう可能性があります。そこで、何らかの方策を講じて観察期間を実行可能な範囲となるよう制限する必要が出てきます。例えばショップでの接客時間を考えても、むやみに多くの時間を1人の顧客の接客に費やすことはできないでしょう。打ち切りとトランケーションは共にすべてのデータを観測しない状況を意味しますが、その違いがその後のデータの分析に大きな影響を与えますので、それらの区別を明確に付けることが肝要です。

● 打ち切り

　打ち切りには**時間打ち切り**と**個数打ち切り**の2種類があります。前者をタイプIの打ち切り（type I censoring）、後者をタイプIIの打ち切り（type II censoring）ということもあります。時間打ち切りとは、n個の対象の寿命の観察において、あらかじめ観測時間cを設定しておき、c以前に観測されたイベント発生時刻はすべて記録するが、c時点でイベントが発生していない個体についてはその個数のみがレポートされる、というものです。

　それに対し個数打ち切りは、当初用意したn個の個体中で、あらかじめ設定したm個のイベントの発生が観測された時点で観測をやめ、残りの$n-m$個は打ち切りとして処理されるというものです。前者では、c以前にイベントが発生して観測される個数が確率的に変動し、後者では、m番目のイベント発生が観測される時刻が確率的な変動をします。

　本章の冒頭に示した 図1 で説明すると、時間打ち切りでは、あらかじめ

観測期間を $c = 30$ と設定し、当初10個あった個体中8個のイベント発生時刻が記録されましたが（8番目の個体はちょうど $c = 30$ でイベントが発生）、残りの2個は $c = 30$ の時点ではイベントが発生していなかったため、観測が打ち切りとなりました。それに対し個数打ち切りでは、あらかじめ観測個数を $m = 8$ と設定しておき、8番目のイベントが発生した $t = 30$ の時点で、残りの2個が打ち切りの扱いとなります。

● トランケーション

次に**トランケーション**（truncation）について述べます。時間打ち切りは、ある値（しきい値）c 以下の寿命データの個々の値は観測され、c を超えたものについてはその個数のみが報告される、というものでした。それに対しトランケーションは、c 以下の寿命は個々の値が観測されますが、c を超えたものについてはその個数もわからない、というものです。個数打ち切りでは、当初想定された n 個中の m 個が c 以下となって観測されますが、トランケーションでは、c 以下となって観測されたデータ以外の情報は、当初想定の n を含め、何もないということです。この c 以下のデータのみの情報を使って、平均寿命などを求める必要があります。

トランケーションが起こるのは寿命だけとは限りません。例えば、100kgまでしか測れない体重計では、100kgを超える体重の人のデータは得られません。またトランケーションはしきい値 c の下側でも起こり得ます。網で魚を捕獲する場合、網の目よりも大きな魚は捕獲されてその重量を計測することができますが、網の目よりも小さな魚は逃げてしまって捕獲されませんし、捕獲されなかった魚がどのくらいの数いたのかの情報も得ることはできません。

● トランケートされた分布

打ち切りは標本に関するもので、トランケーションは分布に関するものという区別もあります。打ち切り標本（censored sample）、トランケートされた分布（truncated distribution）という語はありますが、打ち切り分布やトランケートされた標本というのはあまり耳にしません（全然ないとまでは言い切れませんが）。

定数aとbがあり$(a<b)$、a以上b以下のデータしか観測されず、a未満あるいはbより大きな値はトランケートされてしまう場合の分布の確率密度関数は、元の分布の確率密度関数を$f(x)$としたとき、

$$g(x) = \begin{cases} \dfrac{1}{P(a \leq X \leq b)} f(x) & (a \leq X \leq b) \\ 0 & (\text{それ以外}) \end{cases} \quad (11)$$

となります。は、トランケートされていない元の分布$f(x)$と$(0.5, 3.5)$の両側でトランケートされた分布$g(x)$の例です。トランケートされた分布は、(11)のようにその部分の確率で割ることにより、確率密度関数の曲線下の面積が1となっています。

(a) 元の分布

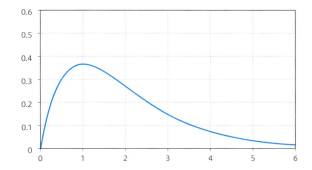

(b) トランケートされた分布

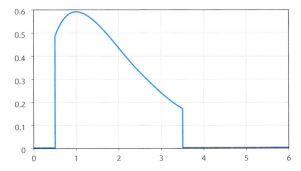

図5 元の分布とトランケートされた分布

7.2.2 指数分布における打ち切りとトランケーション

　打ち切りあるいはトランケーションがある場合の統計的推測を、指数分布を例にとって説明します。指数分布の確率密度関数は、**7.1**の（7）で与えられます。

　n個の寿命$t_1, \cdots, t_n$がすべて観測された場合には、それらの値における確率密度関数をかけると、寿命の和を$w = t_1 + \cdots + t_n$と置いて、

$$L(\mu) = \frac{1}{\mu} e^{-t_1/\mu} \times \cdots \times \frac{1}{\mu} e^{-t_n/\mu} = \frac{1}{\mu^n} e^{-w/\mu} \tag{12}$$

となります。ここで、未知パラメータ（寿命の期待値）μは定数ですが未知なのでそれを変数として扱い、（12）はμの関数と見なしていて、これをμの**尤度関数**（likelihood function）といいます。尤度関数は、データが与えられたときのパラメータの値の尤もらしさを表す関数です。そして$L(\mu)$の自然対数を取った、

$$l(\mu) = \log L(\mu) = -n \log \mu - \frac{w}{\mu} \tag{13}$$

をμの**対数尤度関数**といいます。$L(\mu)$あるいは$l(\mu)$を最大にするμの値、すなわち観測値$t_1, \cdots, t_n$が与えられたとき、それらの値から見て最も尤もらしいμの値が**最尤推定値**と呼ばれます。$l(\mu)$を最大にするにはそれをμで微分して0と置けばよく、

$$l'(\mu) = -\frac{n}{\mu} + \frac{w}{\mu^2} = -\frac{1}{\mu}\left(n - \frac{w}{\mu}\right) = 0$$

より、最尤推定値が、

$$\hat{\mu} = \frac{w}{n} = \frac{1}{n}(t_1 + \cdots + t_n) = \bar{t} \tag{14}$$

とデータの平均値$\bar{t}$で与えられることになります。**7.1**で **表2** の全データから平均寿命を計算しましたが、それは指数分布を仮定した場合のパラ

メータ μ の最尤推定値でもあった訳です。

● 時間打ち切りの場合

次に、時間打ち切りの場合を考えます。n 個の製品中であらかじめ定められたしきい値 c までに m 個の寿命 $t_1, \cdots, t_m$ が観測され、残りの $n-m$ 個は c を超えて打ち切りになったとします。c を超える確率は、(8) より $P(T > c) = e^{-c/\mu}$ ですので、この場合の尤度関数は m 個の確率密度関数の積と c を超えた個数 $n-m$ 個の確率の積、すなわち、

$$L_c(\mu) = \frac{1}{\mu} e^{-t_1/\mu} \times \cdots \times \frac{1}{\mu} e^{-t_m/\mu} \times (e^{-c/\mu})^{n-m} = \frac{1}{\mu^m} e^{-T*/\mu}$$

となります。ここで $T* = t_1 + \cdots + t_m + (n-m)c$ は、しきい値 c を含めた観測時点の和です。$m = 0$、すなわち c 以下となる寿命が1つも観測されないとすると $L_c(\mu) = e^{-nc/\mu}$ となり、これは μ の単調増加関数ですので最大値は求められません。$m \geq 1$ とすると、対数尤度関数

$$l_c(\mu) = \log L_c(\mu) = -m \log \mu - \frac{T*}{\mu}$$

を最大にする μ は、(13) の最大化と同じ計算により、

$$\hat{\mu} = \frac{T*}{m} = \frac{1}{m} \{ t_1 + \cdots + t_m + (n-m)c \} \tag{15}$$

と求められます。これが、打ち切りがある場合に **7.1** で求めた推定値の根拠、すなわち指数分布を仮定した場合の μ の最尤推定値となります。

● 個数打ち切りの場合

個数打ち切りの場合は、観測された寿命を小さい順に $t_{(1)} \leq \cdots \leq t_{(m)}$ とし、m 番目の寿命が観測された時点で打ち切るとすると、最尤推定値は、

$$\hat{\mu} = \frac{1}{m} \{ t_{(1)} + \cdots + t_{(m)} + (n-m) t_{(m)} \} \tag{16}$$

となることが示されます。(16) の証明には順序統計量に関する数学的な性質を使いますので**7.4**で触れることにして、ここでは省略します。打ち切りの仕方は異なりますが、(16) は (15) の推定値と同じ形をしているところが興味深いといえます。本章の冒頭に示した **表1** の例では、たまたま $t_{(8)} = c = 30$ でしたので、個数打ち切りと見た場合でも同じ推定値を与えることになります。

これらをまとめて、指数分布における寿命の期待値 μ の最尤推定値は、打ち切りの有無にかかわらず、観測された寿命（しきい値を含む）を実際に観測された個数で割って求められることになります。

● トランケーションの場合

次に、トランケーションの場合の推定法を示します。しきい値 c 以下のみで値が観測されるとしますと、(11) で $a = 0$ および $b = c$ と置き、(8) を用いると確率密度関数は、

$$g(x) = \frac{1}{1 - e^{-c/\mu}} \cdot \frac{1}{\mu} e^{-t/\mu} \quad (t \le c) \tag{17}$$

となります。そして、$T \le c$ のときの T の条件付き期待値は (17) に関する積分計算により、

$$E[T \mid T \le c] = \mu - \frac{c e^{-c/\mu}}{1 - e^{-c/\mu}} \tag{18}$$

であることが示されます。m 個の寿命 $t_1, \cdots, t_m$ が c 以下で観測されたとすると、尤度関数は、$\overline{t} = (t_1 + \cdots + t_m) / m$ と置いて、

$$L(\mu) = \left(\frac{1}{1 - e^{-c/\mu}} \cdot \frac{1}{\mu} e^{-t_1/\mu} \right) \times \cdots \times \left(\frac{1}{1 - e^{-c/\mu}} \cdot \frac{1}{\mu} e^{-t_m/\mu} \right)$$

$$= \frac{1}{(1 - e^{-c/\mu})^m} \frac{1}{\mu^m} e^{-m\overline{t}/\mu}$$

となります。これより、μ の最尤推定値 $\hat{\mu}$ は、対数尤度関数を μ で微分して

0と置くことにより、

$$\bar{t} = \hat{\mu} - \frac{ce^{-c/\hat{\mu}}}{1 - e^{-c/\hat{\mu}}} \tag{19}$$

を満足する値として求められます。実際の計算法は**7.3**で扱います。

　ここで、(19) は条件付き期待値 (18) の期待値部分を標本平均で置き換えた式になっていることに注意します。(19) を満足する $\hat{\mu}$ は、標本平均 $\bar{t}$ が $0 < \bar{t} < c/2$ のとき唯一の解として求められ、$c/2 \leq \bar{t}$ では解を持たないことが示されます。

7.3 推定値の計算法

7.2では、指数分布のパラメータ μ の推定法を論じました。時間打ち切りがある場合の最尤推定値は（15）によって得られますが、ここでは、指数分布以外の寿命分布への応用の可能性も考慮して、別の推定法を紹介します。また、トランケーションの下での推定値、すなわち（19）を満足する $\hat{\mu}$ の計算法も与えます。

7.3.1 EMアルゴリズム

指数分布を仮定し、しきい値 c で時間打ち切りがある場合を扱います。当初想定の n 個中で c 以下となった m 個の値 $t_1, \cdots, t_m$ は観測されるが、残りの $n-m$ 個は時点 c で打ち切られているものとします。ここでは、**EMアルゴリズム**の定式化により推定値を求めます。EMアルゴリズムとは、E（Expectation）ステップとM（Maximization）ステップの繰り返しによりパラメータの最尤推定値を求める汎用的な反復アルゴリズムで、不完全データの解析を始めとする多くの問題に対し、広く用いられているものです。

EMアルゴリズムを時間打ち切りの問題に適用します。反復の第 j ステップでの μ の値を $\mu^{(j)}$ とし、その下での打ち切られたデータの期待値を求めます。すなわち、μ の適当な初期値 $\mu^{(0)}$ から出発し、寿命 T の $T > c$ の下での条件付き期待値 $E[T \mid T > c]$ は（10）より $\mu + c$ ですから、打ち切られた $n-m$ 個の値を期待値 $\mu^{(j)} + c$ で置き換え、擬似データと見なします（Eステップ）。観測された n 個の寿命の和を $w = t_1 + \cdots + t_m$ として、μ の $(j+1)$ 番目の推定値を次式とします（Mステップ）。

$$\mu^{(j+1)} = \frac{1}{n}\{w + (n-m)(\mu^{(j)} + c)\} = \frac{w + (n-m)c}{n} + \frac{(n-m)\mu^{(j)}}{n} \qquad (20)$$

そして、打ち切り部分の $n-m$ 個の値を $\mu^{(j+1)}$ で置き換えて反復を繰り返し、収束した値を μ の最尤推定値とします。

表1 のデータを用い、初期値を（20）の右辺第1項の過小推定値とした（20）の反復計算の過程を **表3** に示しました。10回程度の反復で最尤推定

値の 20.75 に収束している様子が見て取れます。

表3 EMアルゴリズムの反復過程

j	$\mu^{(j)}$
0	16.6
1	19.92
2	20.584
3	20.7168
4	20.74336
5	20.74867
6	20.74973
7	20.74995
8	20.74999
9	20.75
10	20.75

反復計算スキーム（20）の右辺の第1項は、打ち切られた $n-m$ 個の値を打ち切り時点として n 個の平均値を求めたもので、**7.1** で見たように μ の過小評価となる推定値となっているものです。その過小評価部分を第2項が修正していると見なされます。（20）の反復計算での収束値を $\mu^{(\infty)}$ とすると、

$$\mu^{(\infty)} = \frac{1}{n}\{w + (n-m)(\mu^{(\infty)} + c)\} = \frac{w + (n-m)c}{n} + \frac{(n-m)\mu^{(\infty)}}{n}$$

となりますが、これを $\mu^{(\infty)}$ について解くと（15）の最尤推定値の式が得られます。簡単な計算ですので確かめてみてください。

7.3.2　トランケーションの下での反復計算法

次にトランケーションの下での推定法を述べます。最尤推定値の満たすべき関係式（19）から、簡単な反復計算スキームとして次式が得られます。

$$\mu^{(j+1)} = \overline{t} + \frac{ce^{-c/\mu^{(j)}}}{1 - e^{-c/\mu^{(j)}}} \tag{21}$$

表1 のデータで寿命が実際に観測された8個のデータのみを用いて(21)の反復計算をした結果が **表4** です。

表4 トランケーションの場合の推定値の計算過程

(a) $m = 8$

j	$\mu^{(j)}$
0	13.2500
1	16.7291
2	19.2390
3	21.2380
:	:
246	42.5049
247	42.5050
248	42.5050

(b) $m = 7$

j	$\mu^{(j)}$
0	10.8571
1	12.8774
2	14.0918
3	14.9081
:	:
51	17.2521
52	17.2522
53	17.2522

表4 では計算を2種類行っています。$c = 30$ は変わりませんが、1つ目は観測値数を $m = 8$ とし、データの平均値 $\overline{t} = 13.25$ を用いたもので、もう1つは8番目のデータ $t_8 = 30$ を用いずに $m = 7$ として $\overline{t} = 10.8571$ としたものです。**表4** の (a) および (b) からわかるように、反復の収束までは多くの反復回数を必要とし、収束した値もかなり異なっています。すなわち、反復計算スキーム (21) は極めて不安定な反復となっていることがうかがえます。

このことは、トランケーションの下でのパラメータの推定がかなり困難であることを示しています。**安定した推定値を得るためにはより多くのデータを必要とします**。打ち切りとトランケーションはかなり似通ってはいますが、統計学的に見るとトランケーションではかなりの情報のロスがあるといえます。反復計算スキームが与えられたとしてもその収束状況はかなり異なる場合がありますので、実際の計算では細心の注意を必要とします。

データサイエンティストの仕事は、与えられたデータに対し単にソフト

ウエアを使うだけのものではありません。ここに示したように、問題を定式化し、具体的に解を求める計算法を工夫する必要も出てきます。そのためには、数値計算法の知識が欠かせません。

7.4 統計手法の概説 （寿命データの解析）

ここでは、前節までの議論を補足する形で少し理論的な結果を述べます。理数系の読者向けの話になります。

7.4.1 指数分布に関する統計的推測（全データ）

まず、パラメータ μ の指数分布（$Exp(\mu)$ と書きます）の期待値と分散を求めておきます。T を $Exp(\mu)$ に従う確率変数としたとき、その期待値は部分積分の計算により、

$$E[T] = \int_0^\infty t \cdot \frac{1}{\mu} e^{-t/\mu} dt = [-te^{-t/\mu}]_0^\infty + \int_0^\infty e^{-t/\mu} dt = \mu[-e^{-t/\mu}]_0^\infty = \mu$$

と求められます。部分積分により、

$$E[T^2] = \int_0^\infty t^2 \cdot \frac{1}{\mu} e^{-t/\mu} dt = [-t^2 e^{-t/\mu}]_0^\infty + \int_0^\infty 2te^{-t/\mu} dt = 2\mu^2$$

ですので、分散は、

$$V[T] = E[T^2] - (E[T])^2 = 2\mu^2 - \mu^2 = \mu^2$$

となります。したがって標準偏差は、

$$SD[T] = \sqrt{V[T]} = \mu$$

であることがわかります。

T が $Exp(\mu)$ に従うとき、a を定数として $Y = aT$ と変換すると、Y の累積分布関数は、

$$F_a(t) = P(Y \le t) = P(aT \le t) = P\left(T \le \frac{t}{a}\right) = F\left(\frac{t}{a}\right)$$
$$= 1 - e^{-(t/a)/\mu} = 1 - e^{-t/(a\mu)}$$

となりますので、aT は $Exp(a\mu)$ に従うことがわかります。特に、$a = 2/\mu$ とした $2T/\mu$ は $Exp(2)$ に従い、その確率密度関数は $f(t) = \dfrac{1}{2}e^{-t/2}$ となります。実はこれは自由度2のカイ二乗分布の確率密度関数であることが示されます。

指数分布 $Exp(\mu)$ に従う n 個の互いに独立な確率変数を $T_1, \cdots, T_n$ とし、それらの和を $W = T_1 + \cdots + T_n$ とすると、μ の最尤推定量は（14）の導出で見たように、標本平均 $\overline{T} = W/n$ となります。$\overline{T}$ は1つの値（点）でパラメータ μ を推定することから、このような推定量を**点推定量**といいます。

$\overline{T}$ については、その期待値が、

$$E[\overline{T}] = E\left[\frac{1}{n}(T_1 + \cdots + T_n)\right] = \frac{1}{n}E[T_1 + \cdots + T_n] = \frac{1}{n} \times n\mu = \mu$$

となります。一般に、パラメータの推定において、推定量の期待値が推定対象のパラメータに等しい性質を**不偏性**といい、そのときの推定量を**不偏推定量**といいます。すなわちここでの場合、$\overline{T}$ は μ の不偏推定量という訳です。

各 $2T_i/\mu$ はそれぞれ互いに独立に自由度2のカイ二乗分布に従うので、**カイ二乗分布の再生性、すなわち独立なカイ二乗分布に従う確率変数の和は自由度がそれぞれの確率変数の分布の自由度の和であるカイ二乗分布に従う**という性質より、$2W/\mu$ は自由度が $2n$ のカイ二乗分布に従うことになります。これより、α を小さな確率値として、$y_{2n}(\alpha/2)$ および $y_{2n}(1-\alpha/2)$ をそれぞれ自由度 $2n$ のカイ二乗分布の上側 $100(\alpha/2)$%点および下側 $100(\alpha/2)$%点（上側 $100(1-\alpha/2)$%点）とすると、

$$P\left(y_{2n}(1-\alpha/2) \le \frac{2W}{\mu} \le y_{2n}(\alpha/2)\right) = 1 - \alpha \tag{22}$$

となります。（22）を μ に関して解き直すことにより、

$$P\left(\frac{2W}{y_{2n}(\alpha/2)} \le \mu \le \frac{2W}{y_{2n}(1-\alpha/2)}\right) = 1-\alpha$$

を得ます。Wの実現値をwとしたとき、区間

$$(\hat{\mu}_L, \hat{\mu}_U) = \left(\frac{2w}{y_{2n}(\alpha/2)}, \frac{2w}{y_{2n}(1-\alpha/2)}\right) \tag{23}$$

が、μの信頼度$100(1-\alpha)$%の信頼区間を与えます。

　信頼区間が求まれば、それを利用して検定ができます。すなわち、寿命の期待値に関する検定の**帰無仮説**（**5.4**参照）を、

$$H_0 : \mu = \mu_0 \,(ある与えられた値) \tag{24}$$

としたとき、信頼係数$100(1-\alpha)$%の信頼区間がμ_0を含んでいなければ、(24) の帰無仮説は有意水準100α%の両側検定で棄却されますし、含まれていれば帰無仮説は棄却されません。すなわち信頼区間とは、データを基に考えた場合、ありそうなμの値の範囲という解釈ができます。信頼区間に含まれないようなμの値はデータからしてありそうもないということで、それの統計的な言明が**帰無仮説の棄却**という訳です。

　表2 の全データで計算してみましょう。$n=10$であり、寿命の和は$w=206$ですので、μの最尤推定値（点推定値）は$\hat{\mu}=206/10=20.6$となります。カイ二乗分布の自由度は20で、$\alpha=0.05$としますと、自由度20のカイ二乗分布の上側2.5%点および下側2.5%点は、それぞれExcelの関数を用いて、

$$y_{20}(0.025) = \text{CHINV}(0.025, 20) = 34.17$$
$$y_{20}(0.975) = \text{CHINV}(0.975, 20) = 9.59$$

と求められます。よって、μの信頼度95%の信頼区間は、(23) より、

$$\left(\frac{2\times206}{34.17}, \frac{2\times206}{9.59}\right) = (12.06, 42.96)$$

と求められます。点推定値が20.6でしたので、信頼区間の下限と推定値の距離は、$20.6 - 12.06 = 8.54$であり、信頼区間の上限と推定値の距離は、$42.96 - 20.6 = 22.36$と、信頼区間は推定値の右側が広くなっています。このことは、イベント発生までの平均時間は点推定値の20.6よりも長い可能性が高いことを示唆しています。

図6 推定値と信頼区間

7.4.2　指数分布に関する統計的推測（時間打ち切り）

指数分布で打ち切りがある場合の統計的推測法について述べます。

まず時間打ち切り（タイプIの打ち切り）の場合です。当初想定のn個の観測対象のうち、しきい値c以下で寿命が観測されるものがm個あるとし、それらの寿命を表す確率変数を$T_1, \cdots, T_m$とします。$m \geq 1$のとき、μの最尤推定量は、（15）で見たように

$$\hat{\mu} = \frac{1}{m}\{T_1 + \cdots + T_m + (n-m)c\} \tag{25}$$

で与えられます。

$m = 0$では（25）の分母が0になって、最尤推定量は無限大になります。$m = 0$となる確率は0でないので（25）の最尤推定量の期待値は無限大になってしまい、$\hat{\mu}$はμの不偏推定量ではありません。また$\hat{\mu}$の点推定量としての計算法は（25）のように簡単ですが、その分布は、打ち切りがない場合のような単純なものではなく、信頼区間の導出には工夫が必要です。

尤度関数$L_c(\mu) = \dfrac{1}{\mu^m} e^{-m\hat{\mu}/\mu}$について、

$$\lambda = \frac{L_c(\mu)}{L_c(\hat{\mu})} = \left(\frac{\hat{\mu}}{\mu}\right)^m e^{-m\left(\frac{\hat{\mu}}{\mu}-1\right)}$$

は**尤度比**と呼ばれる量ですが、その自然対数を取った

$$-2\log\lambda = -2m\left\{\log\left(\frac{\hat{\mu}}{\mu}\right) - \frac{\hat{\mu}}{\mu} + 1\right\}$$

は、m が十分大きいとき、自由度1のカイ二乗分布に従うことが示されます（証明は本書の程度を超えますので割愛します）。したがって、$y_1(\alpha)$ を自由度1のカイ二乗分布の上側 $100\alpha\%$ 点として、

$$P\left(-2m\left\{\log\left(\frac{\hat{\mu}}{\mu}\right) - \frac{\hat{\mu}}{\mu} + 1\right\} \le y_1(\alpha)\right) = 1 - \alpha \qquad (26)$$

となります。(26) の確率のカッコの中身の不等式から、$\hat{\mu}_L \le \mu \le \hat{\mu}_U$ となる $\hat{\mu}_L$ および $\hat{\mu}_U$ が求められれば、それらが μ の信頼度 $100(1-\alpha)\%$ の信頼区間の上下限となります。そのため、(26) の確率のカッコの中身を、

$$-2m\left\{\log\left(\frac{\hat{\mu}}{\mu}\right) - \frac{\hat{\mu}}{\mu} + 1\right\} = y_1(\alpha)$$

として、これを μ について解くと、

$$\mu = \hat{\mu} \Big/ \left(\frac{y_1(\alpha)}{2m} + 1 + \log\hat{\mu} - \log\mu\right)$$

および

$$\mu = \exp\left[\frac{y_1(\alpha)}{2m} + \log\hat{\mu} - \frac{\hat{\mu}}{\mu} + 1\right]$$

の2通りの表現が得られます。これらを用いて反復計算に持ち込みます。すなわち、$\mu^{(0)}$ を適当な初期値として、

$$\mu^{(t+1)} = \hat{\mu} \Big/ \left(\frac{y_1(\alpha)}{2m} + 1 + \log\hat{\mu} - \log\mu^{(t)}\right) \qquad (27)$$

および

$$\mu^{(t+1)} = \exp\left[\frac{y_1(\alpha)}{2m} + \log\hat{\mu} - \frac{\hat{\mu}}{\mu^{(t)}} + 1\right] \quad (28)$$

という簡便な繰り返し計算アルゴリズムが得られます。(27) からは信頼区間の信頼下限 $\hat{\mu}_L$ が、(28) からは信頼上限 $\hat{\mu}_U$ が得られます。これらの計算は Excel を用いて簡単に実行できます。

◉ Excel を使った実際の計算例

表1 のデータで実際に計算してみましょう。$n = 10$、$m = 8$ で $\hat{\mu} = 20.75$ でした。この値を初期値とし、信頼係数を95%$\left(\alpha = 0.05, y_1(0.05) \approx 3.84\right)$ として、Excel では自然対数は $\log x = \mathrm{LN}(x)$ であることに注意した上で (27) および (28) の計算を行うと、表5 のような推移をたどり、μ の95%信頼区間が $(11.15, 45.40)$ と求まります。打ち切りのない場合の信頼区間は $(12.06, 42.96)$ でしたから、それよりも若干広めになっています。打ち切りで情報が欠落しているためです。また $m = 8$ は、計算の根拠となる「m が十分大きいとき」の仮定を必ずしも満たしているとはいい難いので、結果の解釈には注意が必要です。

表5 信頼区間の上下限の計算過程

t	下限	上限
0	20.75	20.75
1	16.7339	26.3784
2	14.2601	32.6524
⋮	⋮	⋮
18	11.1486	45.3987
19	11.1485	45.3988
20	11.1485	45.3988

◈ 7.4.3　指数分布に関する統計的推測（個数打ち切り）

次に個数打ち切りの場合を扱います。個数打ち切りでは、n 個の対象の寿命を小さい順に観測し、m 番目に小さな値が観測された時点で観測を終

了します。したがって、小さい順に並べた観測値が重要な役割を果たします。これを**順序統計量**（order statistics）といいます。

互いに独立に指数分布 $Exp(\mu)$ に従う n 個の確率変数 $T_1, T_2, \cdots, T_n$ を小さい順に並べたものを $T_{(1)} \leq T_{(2)} \leq \cdots \leq T_{(n)}$ とします。$T_{(1)}$ が最小値、$T_{(n)}$ が最大値です。最小値 $T_{(1)}$ の累積分布関数は、

$$
\begin{aligned}
F_{(1)}(t) &= P(T_{(1)} \leq t) = 1 - P(T_{(1)} > t) \\
&= 1 - P(T_1, \ldots, T_n > t) = 1 - P(T_1 > t) \cdots P(T_n > t) \\
&= 1 - (e^{-t/\mu})^n = 1 - e^{-t/(\mu/n)}
\end{aligned}
$$

ですので、確率密度関数は、累積分布関数を微分して、

$$
f_{(1)}(t) = \frac{d}{dt} F_{(1)}(t) = \frac{1}{\mu/n} e^{-t/(\mu/n)}
$$

となります。これはパラメータ μ/n の指数分布の確率密度関数です。最大値 $T_{(n)}$ の累積分布関数は、

$$
\begin{aligned}
F_{(n)}(t) &= P(T_{(n)} \leq t) = P(T_1, \ldots, T_n \leq t) = P(T_1 \leq t) \cdots P(T_n \leq t) \\
&= (1 - e^{-t/\mu})^n
\end{aligned}
$$

ですので、確率密度関数は、

$$
f_{(n)}(t) = \frac{d}{dt} F_{(n)}(t) = n \frac{1}{\mu} e^{-t/\mu} (1 - e^{-t/\mu})^{n-1}
$$

と求められます。

一般に、第 r 番目に小さい $T_{(r)}$ の確率密度関数は、

$$
f_{(r)}(t) = \frac{n!}{(r-1)!(n-r)!} \frac{1}{\mu} (e^{-t/\mu})^{n-r+1} (1 - e^{-t/\mu})^{r-1} \tag{29}
$$

となります。$T_{(r)}$ よりも小さな $r-1$ 個の寿命に関する確率が $(1 - e^{-t/\mu})^{r-1}$ でそれが ${}_nC_{r-1} = \dfrac{n!}{(r-1)!(n-r+1)!}$ 通りあり、$T_{(r)}$ に関する確率が $\dfrac{1}{\mu} e^{-t/\mu}$ でそれが $n-r+1$ 通り、残りの $n-r$ 個が t よりも大きい確率が $(e^{-t/\mu})^{n-r}$ で、そ

れらをかけ合わせて（29）が得られます。また、小さいほうからm番目までの$T_{(1)}, \cdots, T_{(m)}$を同時に考えた場合の確率密度関数、すなわち**同時確率密度関数**は、

$$f(t_{(1)}, \ldots, t_{(m)}) = \frac{n!}{(n-m)!\,\mu^m} \exp\left[-\left\{\sum_{i=1}^{m} t_{(i)} + (n-m)t_{(m)}\right\}/\mu\right]$$

となります。これがμの尤度関数になります。

対数尤度関数は、

$$l(\mu) = \log\{n!/(n-m)!\} - m\log\mu - \left\{\sum_{i=1}^{m} t_{(i)} + (n-m)t_{(m)}\right\}/\mu$$

となり、μの最尤推定値は、

$$\frac{dl(\mu)}{d\mu} = -\frac{m}{\mu} + \frac{1}{\mu^2}\left\{\sum_{i=1}^{m} t_{(i)} + (n-m)\,t_{(m)}\right\} = 0$$

より、（16）となります。

最尤推定量

$$\hat{\mu} = \frac{1}{m}\left\{T_{(1)} + \cdots + T_{(m)} + (n-m)T_{(m)}\right\}$$

において、$V_{(i)} = T_{(i)} - T_{(i-1)}$と置くと$(i = 2, \cdots, m)$、

$$Y = \frac{2m\hat{\mu}}{\mu} = \frac{2}{\mu}\left\{\sum_{i=1}^{m} T_{(i)} + (n-m)T_{(m)}\right\}$$

$$= \frac{2}{\mu}\left\{nT_{(1)} + (n-1)V_2 + \cdots + (n-m+1)V_m\right\} \tag{30}$$

の中カッコ$\{\ \}$の中身は、指数分布の無記憶性の性質を用いて、その各項が互いに独立にパラメータμの指数分布$Exp(\mu)$に従うことが示されます。このことから$E[\hat{\mu}] = \mu$がいえ、時間打ち切りの場合とは異なり、個数打ち切りの場合の最尤推定量は不偏性を満たします。

また（30）のYは、自由度$2m$のカイ二乗分布に従います。このことからμの信頼区間が、打ち切りがない場合と同様に構成できます。すなわち、αを小さな確率値として、$y_{2m}(\alpha/2)$および$y_{2m}(1-\alpha/2)$をそれぞれ自由度$2m$のカイ二乗分布の上側$100(\alpha/2)$%点および下側$100(\alpha/2)$%点（上側$100(1-\alpha/2)$%点）とすると、$w^* = t_{(1)} + \cdots + t_{(m)} + (n-m)t_{(m)}$として、

$$(\hat{\mu}_L, \hat{\mu}_U) = \left(\frac{2w^*}{y_{2m}(\alpha/2)}, \frac{2w^*}{y_{2m}(1-\alpha/2)} \right) \tag{31}$$

がμの信頼度$100(1-\alpha)$%の信頼区間を与えます。

◉ Excelを使った実際の計算例

表1 のデータで個数打ち切りとして計算してみましょう。$m=8$であり$w^*=166$ですので、μの最尤推定値は$\hat{\mu}=166/8=20.75$となります。カイ二乗分布の自由度は16で、$\alpha=0.05$とすると、自由度16のカイ二乗分布の上側2.5%点および下側2.5%点はそれぞれExcelの関数を用いて

$$y_{16}(0.025) = \text{CHINV}(0.025, 16) = 28.85$$
$$y_{16}(0.975) = \text{CHINV}(0.975, 16) = 6.91$$

となります。これより、μの信頼度95%の信頼区間は（31）より、

$$\left(\frac{2 \times 166}{28.85}, \frac{2 \times 166}{6.91} \right) = (11.51, 48.05)$$

と求められます。打ち切りがない場合に比べ区間幅が広くなっていますが、打ち切りの影響です。

トランケーションの場合も、時間打ち切りと同様の考え方によって近似的な信頼区間が導出されます。しかし、上の例で見たように推定値そのものが不安定で、信頼区間もよほど観測値数が多くないとかなり広くなってしまうことが報告されています。これについては本書の範囲を超えますので、これ以上は触れないことにします。

CHAPTER

8

おいしいカフェオレを作りたい
～実験計画法の効果的適用～

第8章の内容

　第1章で、データ収集の立案およびよいデータの収集が大事であること
を述べました。これはまさにデータサイエンスの基本であり、ビッグデー
タの時代でもその重要性に変わりはありません。なるべくコストをかけず
に、よいデータを得る工夫が必要です。

　おいしいカフェオレの作り方を効率よく探索するにはどうしたらよいで
しょう？ この話題は **8.2** で議論するとして、まずは次の問題を考えてみ
ましょう。

図1 の2つの棒A、Bの長さを、ものさしを2回使って測りたい。た
だし測定には誤差があり、1回の測定ごとの誤差の大きさは同じであ
るとします。
自明な答えは、AとBを1回ずつ測るというものでしょう。
同じく **図2** の4つの棒A、B、C、Dの長さを、ものさしを4回使って
測る場合はどうでしょうか。

A	B

図1 2つの棒

A	B	C	D

図2 4つの棒

　果たして他の測り方があるのでしょうか。2つの棒の場合の1つの解答
は、**図3** のようにして和$A+B$と差$B-A$の長さをそれぞれ測り、

$$\{(A+B)-(B-A)\}/2$$

および

$$\{(A+B)+(B-A)\}/2$$

としてそれぞれの長さを算出する、というものです。

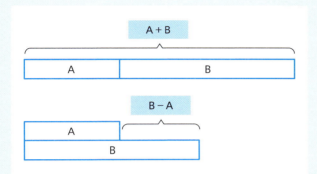

図3 和と差を測る

　個別に長さを測るよりも和と差を測るほうがなぜよいのでしょう？
　また、図2 のように棒が4本ある場合はどのように測るのがよいのでしょうか。
　本章では、これらの問題に対する答えを示し、精度よく効率的にデータを取るための方法論である、**実験計画法**について学びます。

8.1 測定の精度の計算

まず、測定に関するモデルを与えます。測定の精度とは何か、それをどう評価するのか、を的確に述べるためにはモデル化が必要です。

8.1.1 測定に関するモデル（棒が2本の場合）

図1の2本の棒Aおよび Bの長さの真値をθ_Aおよびθ_Bとし、ものさしで測ったそれぞれの棒の長さの測定値をY_AおよびY_Bとします。測定値に誤差が加わることは、誤差を表す互いに独立な確率変数をε_A、ε_Bとして、次のように表現します。

$$Y_A = \theta_A + \varepsilon_A$$
$$Y_B = \theta_B + \varepsilon_B$$

ここで、誤差のばらつきの大きさを表す**誤差分散**を、

$$V\left[\varepsilon_A\right] = V\left[\varepsilon_B\right] = \sigma^2$$

とします。それぞれの棒の長さを1回ずつ測定する場合は、その推定量は測定値そのものです。すなわち$\tilde{\theta}_A = Y_A$および$\tilde{\theta}_B = Y_B$で、それぞれの誤差分散は$V\left[\tilde{\theta}_A\right] = V\left[\tilde{\theta}_B\right] = \sigma^2$です。

一方、和と差を測った場合の測定値のモデルは次のようになります。

$$Y_{A+B} = \theta_A + \theta_B + \varepsilon_{A+B}$$
$$Y_{B-A} = \theta_B - \theta_A + \varepsilon_{B-A}$$

ここで、ε_{A+B}およびε_{B-A}はそれぞれの測定での誤差を表す互いに独立な確率変数で、誤差分散は測定ごとに同じとしていますので、

$$V\left[\varepsilon_{A+B}\right] = V\left[\varepsilon_{B-A}\right] = \sigma^2$$

です。これらからそれぞれの棒の長さの推定量は、

$$\hat{\theta}_A = \frac{1}{2}(Y_{A+B} - Y_{B-A})$$

$$\hat{\theta}_B = \frac{1}{2}(Y_{A+B} + Y_{B-A})$$

となり、それらの誤差分散は、c_1、c_2を定数とした場合のY_1、Y_2が独立のときの公式

$$V[c_1 Y_1 + c_2 Y_2] = c_1{}^2 V[Y_1] + c_2{}^2 V[Y_2]$$

より、

$$V[\hat{\theta}_A] = \frac{1}{4}(V[\varepsilon_{A+B}] + V[\varepsilon_{B-A}]) = \frac{\sigma^2}{2}$$

$$V[\hat{\theta}_B] = \frac{1}{4}(V[\varepsilon_{A+B}] + V[\varepsilon_{B-A}]) = \frac{\sigma^2}{2}$$

と求められます。測定量の分散がそれぞれ単独で1回ずつ測定した場合の半分になっていて、和と差を測定するほうの精度がよくなっていることがわかります。誤差分散は標本数に反比例しますので、和と差の測定と同じ精度を得るためには、それぞれの棒を単独で2回ずつ、計4回測定する必要があります。**測定のコストが測定数に比例すると、和と差の測定によって測定のコストが半分になりました。**

🔷 8.1.2　測定に関するモデル（棒が4本の場合）

　では、図2 のように棒が4本ある場合はどうでしょうか。4本の棒の長さの和をY_1、AとBの長さの和からCとDの長さの和を引いたものをY_2、AとCの長さの和からBとDの長さの和を引いたものをY_3、AとDの長さの和からBとCの長さの和を引いたものをY_4とすると、測定のモデルは、

$$Y_1 = \theta_A + \theta_B + \theta_C + \theta_D + \varepsilon_1$$
$$Y_2 = \theta_A + \theta_B - \theta_C - \theta_D + \varepsilon_2$$
$$Y_3 = \theta_A - \theta_B + \theta_C - \theta_D + \varepsilon_3$$
$$Y_4 = \theta_A - \theta_B - \theta_C + \theta_D + \varepsilon_4$$

となります。これらより、それぞれの棒の長さの推定量は、

$$\hat{\theta}_A = \frac{1}{4}(Y_1 + Y_2 + Y_3 + Y_4)$$

$$\hat{\theta}_B = \frac{1}{4}(Y_1 + Y_2 - Y_3 - Y_4)$$

$$\hat{\theta}_C = \frac{1}{4}(Y_1 - Y_2 + Y_3 - Y_4)$$

$$\hat{\theta}_D = \frac{1}{4}(Y_1 - Y_2 - Y_3 + Y_4)$$

となり、各分散は、2つの棒のときと同様の計算により、

$$V[\hat{\theta}_A] = V[\hat{\theta}_B] = V[\hat{\theta}_C] = V[\hat{\theta}_D] = \frac{\sigma^2}{4}$$

となります。それぞれの長さを1回ずつ測定する場合の分散はσ^2ですので、それに比べると分散は$1/4$になりました。測定のコストも$1/4$です。

　このように、**測り方の工夫次第でコストを削減することができるのです。**これは、**実験計画法の中の秤量計画と呼ばれる分野の結果です。**

8.2 おいしいカフェオレを作る

ここでは、おいしいカフェオレを作るための条件を探索した結果を示します。理論的な根拠などの詳細は8.3で述べます。

8.2.1 実験条件の設定とデータの取得

カフェオレは、コーヒーとミルクを混ぜて作ります。カフェオレのおいしさに影響を与える要因には様々なものがありますが、ここでは、「コーヒーの量」、「コーヒー豆の炒り方」、「ミルクの量」の3つの要因を取り上げます。そして、これらの要因のどのような設定がおいしいカフェオレとなるのかを、試作品（以下、試料）を実際に飲んでもらって評価します。要因の設定や被験者の選択および実験の順序などの実験条件の設定は研究者の手でできますので、これは**実験研究**です。

実験に取り上げる要因のことを**因子**（factor）といい、因子の異なる設定を**水準**（level）といいます。今回のカフェオレの試飲実験での因子と水準は 表1 のようです。

表1 試飲実験における因子と水準

因子	水準
コーヒーの量	（少なめ、多め）
コーヒー豆の炒り方	（浅炒り、深炒り）
ミルクの量	（少なめ、多め）

因子には、コーヒーの量のような**連続型**と、コーヒーの種類などの**カテゴリカル**なものとがあります。連続型の因子では、その水準の値の設定は任意ですが、多くの実験計画では「少なめ」、「多め」の2水準とか、「少なめ」、「中くらい」、「多め」の3水準のような、離散型の量の選択という定式化がなされます。連続型因子を真に連続量と捉え、その最適な値を探索する手法もあり、**応答曲面法**と呼ばれます。

表1 の各因子の異なる水準の組み合わせは **表2** （a）の$2^3 = 8$種類となります。これら8種類の異なる設定での試料を作成し、8人の被験者にランダムに3種類ずつの試料を飲んでもらい、それぞれのおいしさを7（最もおいしい）から1（最もおいしくない）の7段階のスコアで表してもらいました。実験の目的となる評価項目は、**特性値**あるいは**応答**（response）などといいます。ここでは評価スコアの3人分の平均が応答となり、各試料に対する3人のスコアとその平均は **表2** （b）のようでした。

表2 実験試料とスコア

（a）因子と水準

試料	コーヒー量	炒り方	ミルク量
1	少なめ	浅炒り	少なめ
2	少なめ	浅炒り	多め
3	少なめ	深炒り	少なめ
4	少なめ	深炒り	多め
5	多め	浅炒り	少なめ
6	多め	浅炒り	多め
7	多め	深炒り	少なめ
8	多め	深炒り	多め

（b）スコアとその平均

Y1	Y2	Y3	平均
4	4	4	4.00
2	2	3	2.33
5	4	5	4.67
2	3	4	3.00
5	6	4	5.00
2	4	3	3.00
7	7	6	6.67
7	6	6	6.33

食品や飲料のおいしさのような人間の感覚による評価を**官能評価**といいますが、官能評価では、実験の繰り返しにより感覚が容易に疲労することが知られています。したがって、1人の被験者に数多くの実験をしてもらうのは不可能であり、ここでは1人当たり3種類の試料の評価が限界であろうと考えました。

また、例えばビールのおいしさ評価では、最初の1杯が最もおいしく感じるというように、**実験の順序によって評価スコアが影響を受けますので、評価の順序をランダムにするなど、細心の注意が必要となります。**さらには、被験者の評価をなるべく統一するためにも、事前の説明の実施や多少の予備実験的な練習なども必要になることでしょう。

8.2.2　データの分析

各因子の水準を 表1 のような単語で表現したのでは分析に使いにくいので−1と1という数字に置き換えます。これを**コード化**ともいいます。「コーヒーの量」、「コーヒー豆の炒り方」、「ミルクの量」の各因子におけるそれぞれの水準を表す変数をそれぞれ X_1、X_2、X_3とし、それらに、

$$X_1 = \begin{cases} -1 & (少なめ) \\ 1 & (多め) \end{cases}, \quad X_2 = \begin{cases} -1 & (浅炒り) \\ 1 & (深炒り) \end{cases}, \quad X_3 = \begin{cases} -1 & (少なめ) \\ 1 & (多め) \end{cases}$$

と数値を割り当てます。そして、それらのそれぞれの積 X_1X_2、X_1X_3、X_2X_3も求めておきます。応答であるおいしさスコアの平均を表す変数を Yとし、それらをまとめたのが 表3 です。

分析対象のデータは 表3 で、ここではExcelの「分析ツール」の「回帰分析」を適用します。「入力 Y」（目的変数）として 表3 の Yを設定し、「入力 X」（説明変数）として 表3 の X_1から X_2X_3までの6変数を設定したときの出力は、表4 （a）のようです。決定係数（重決定 R2）は0.980と高いものの、切片以外の X_1から X_2X_3までの各係数の P値はどれも0.05よりも大きく、有意水準 5%で統計的に有意なものはありません。これはサンプルサイズが8と極めて小さいためです。

そこで、表4 （a）の係数のP-値のうち、特に値の大きな$X_1 X_3$と$X_2 X_3$を説明変数から削除し、X_1から$X_1 X_2$までの4変数を説明変数として再度分析した結果が 表4 （b）です。今度は、X_1、X_2、X_3の係数のP-値がすべて0.05を下回り、5%水準で統計的有意となりました。$X_1 X_2$の係数のP値は0.089と、0.05よりは大きいものの0.1よりも小さく、有意な傾向が見られています。サンプルサイズを増やせば5%有意となる可能性があります。

表3 コード化された因子の水準とスコア

試料	X_1	X_2	X_3	$X_1 X_2$	$X_1 X_3$	$X_2 X_3$	Y
1	-1	-1	-1	1	1	1	4.00
2	-1	-1	1	1	-1	-1	2.33
3	-1	1	-1	-1	1	-1	4.67
4	-1	1	1	-1	-1	1	3.00
5	1	-1	-1	-1	-1	1	5.00
6	1	-1	1	-1	1	-1	3.00
7	1	1	-1	1	-1	-1	6.67
8	1	1	1	1	1	1	6.33

表4 データ分析の結果

（a）すべての説明変数を使用

回帰統計

重相関 R	0.990
重決定 $R2$	0.980
補正 $R2$	0.862
標準誤差	0.589
観測数	8

※次ページに続く

分散分析表

	自由度	変動	分散	分散比	有意F
回帰	6	17.306	2.884	8.307	0.260
残差	1	0.347	0.347		
合計	7	17.653			

	係数	標準誤差	t	P-値	下限 95%	上限 95%	下限 95.0%	上限 95.0%
切片	4.375	0.208	21.000	0.030	1.728	7.022	1.728	7.022
X1	0.875	0.208	4.200	0.149	-1.772	3.522	-1.772	3.522
X2	0.792	0.208	3.800	0.164	-1.855	3.439	-1.855	3.439
X3	-0.708	0.208	-3.400	0.182	-3.355	1.939	-3.355	1.939
X1X2	0.458	0.208	2.200	0.272	-2.189	3.105	-2.189	3.105
X1X3	0.125	0.208	0.600	0.656	-2.522	2.772	-2.522	2.772
X2X3	0.208	0.208	1.000	0.500	-2.439	2.855	-2.439	2.855

(b) X_1, X_2, X_3, X_1X_2 のみ使用

回帰統計	
重相関 R	0.977
重決定 $R2$	0.954
補正 $R2$	0.892
標準誤差	0.523
観測数	8

分散分析表

	自由度	変動	分散	分散比	有意F
回帰	4	16.833	4.208	15.407	0.024
残差	3	0.819	0.273		
合計	7	17.653			

	係数	標準誤差	t	P-値	下限 95%	上限 95%	下限 95.0%	上限 95.0%
切片	4.375	0.185	23.677	0.000	3.787	4.963	3.787	4.963
X1	0.875	0.185	4.735	0.018	0.287	1.463	0.287	1.463
X2	0.792	0.185	4.284	0.023	0.204	1.380	0.204	1.380
X3	-0.708	0.185	-3.833	0.031	-1.296	-0.120	-1.296	-0.120
X1X2	0.458	0.185	2.480	0.089	-0.130	1.046	-0.130	1.046

8.2.3 結果の解釈

表4 の出力結果は次のように解釈します。

まず、表4 (a) と 表4 (b) での3つ目のブロックの X_1、X_2、X_3、X_1X_2 の係数は、例えば X_1 では両方とも 0.875 と同じになっている点に注目してください。その理由は 8.4 で述べますが、このように採用した説明変数の種類にかかわらず係数の値が同じであれば、結果の解釈が容易になります。

係数の値は、それが正であれば、その因子の水準を第1水準から第2水準に変えたときの目的変数の値（この場合はおいしさスコア）の平均値の増加分の1/2となり、係数の値が負のときは減少分の1/2となります。

例えば、コーヒーの量 (X_1) を「少なめ」$(X_1 = -1)$ から「多め」$(X_1 = 1)$ に変えたときのスコア (Y) の平均的な増分は、おおよそ $0.875 \times 2 = 1.75$ であることになります。「コーヒーの量」と「コーヒー豆の炒り方」の係数が共に正、「ミルクの量」の係数が負ですから、コーヒーの量は多めでコーヒー豆の炒り方は深炒り、そしてミルクの量は少ないほうが高評価であることになります。また、X_1X_2 の係数は正ですので、コーヒーの量は少なめで浅炒り、もしくはコーヒーの量は多めで深炒りという組み合わせのほうが、コーヒーの量は少なめで深炒り、もしくはコーヒーの量は多めで浅炒りの組み合わせよりも若干評価が高いといえます。

表3 で最もスコアの高かった試料は No. 7 で、その設定はコーヒーの量は多めで深炒り、またミルクの量は少なめという条件ですので、ここでの考察と一致します。「No. 7のスコアが高かったのだからそれを作った因子の水準の組み合わせが最もよい」と単純に結論付けてはなりません。データにはばらつきがつきもので、たまたま高評価を得たに過ぎない可能性は否定できません。

ここでの分析結果は、No. 7だけの評価だけでなく、8種類の試料すべてから得られたものです。8.1 で、**単独で測るより組み合わせて測ったほうが推定精度が上がる**ことを述べましたが、ここでの結果にもそれが当てはまります。

8.3 実験計画法とデータの分析法の基本

8.2で示したような実験計画法の基本とデータの分析法について述べます。8.1で見たように、条件の組み合わせでデータを取って分析するのがポイントです。

8.3.1 完全実施要因計画とその一部実施

8.2で例示した3因子で各因子が2水準ずつを持つ実験を基に、その理論的な根拠をやや数学的に扱います。一般に、因子数がpの実験を**p因子実験**といいます。各因子の水準がすべて2のとき、j番目の因子の水準を表す変数をX_jとし、その値を、

$$X_j = \begin{cases} -1 & (\text{第1水準}) \\ 1 & (\text{第2水準}) \end{cases} \tag{1}$$

とコード化します（$j=1,\ldots,p$）。因子数が3のとき、各因子の水準が2の場合の異なる水準の組み合わせは、**表2**（a）のように$2^3=8$通りあり、一般のpでは同様に考えると2^p通りとなります。これらの異なる実験条件すべてで実験を実施する実験計画を、**2^p-型完全実施要因計画**（full factorial design）あるいは単に**2^p-型計画**といいます。**表5**は2^3-型計画です。

完全実施要因計画での実験回数は2^p通りで、$p=4$では16、$p=5$では32、$p=6$では64とかなり実験回数が多くなり、実験設備やコストの関係でそれらすべてを行えないことがあります。そのときは、それらのうちのある特定の部分だけの実験を実施、ということにせざるを得ません。

2^p-型計画の一部だけを実施する計画を、**一部実施要因計画**（fractional factorial design）といいます。**一部実施といっても適当に選択するのではなく、ある特定のルールに従って実験を選択します。**一部実施という英語のfractionalが示すように、2^p-型計画であれば、その1／2や1／4といった

表5 異なる水準の組み合わせ（完全実施要因計画）

No.	X_1	X_2	X_3	応答
1	-1	-1	-1	Y_1
2	-1	-1	1	Y_2
3	-1	1	-1	Y_3
4	-1	1	1	Y_4
5	1	-1	-1	Y_5
6	1	-1	1	Y_6
7	1	1	-1	Y_7
8	1	1	1	Y_8

分数倍を実施します。

　一般に、2^p-型計画の$1/2^k = 2^{-k}$回だけ実験を行う計画を、因子数とその分数倍であることを明示的に示して2^{p-k}-**型計画**といいます。例えば2^{3-1}-型計画では、 表5 の8通りの実験のうちの1/2として 表6 のような4通りの実験のみ、あるいは 表5 のうち 表6 で選ばれなかった4通りの実験のみを行います。

表6 一部実施要因計画

No.	X_1	X_2	X_3	応答
1	-1	-1	-1	Y_1
4	-1	1	1	Y_4
6	1	-1	1	Y_6
7	1	1	-1	Y_7

🔷 8.3.2　主効果

　p因子実験において、他の因子の水準は同じとして、ある特定の因子A_jの水準を$X_j = -1$から1に変えたときの応答に与える影響をA_jの**主効果**（main effect）といいます（$j = 1, \ldots, p$）。

　i番目の実験での因子A_jの水準を（1）のように2値変数X_{ij}で表したと

き、応答の値Y_iがこれらの主効果の和として表される、次式のモデルが、

$$Y_i = \alpha + \beta_1 X_{i1} + \beta_2 X_{i2} + \cdots + \beta_p X_{ip} + \varepsilon_i \,(i = 1, \ldots, n) \qquad (2)$$

主効果モデルです。ここで、αは定数項もしくは全平均（grand mean）と呼ばれる値で、β_jが因子A_jの主効果です。ε_iは互いに独立な偶然変動項で**誤差項**とも呼ばれ、通常は分散がiによらず同じ正規分布$N(0,\ \sigma^2)$に従うと仮定されます。モデル（2）の主効果の和の部分で、X_2からX_pをある値として定め、X_1を-1あるいは1としたときのYの値を$Y(-1)$および$Y(1)$とすると、次式が成り立ち、

$$Y(-1) = \alpha - \beta_1 + \beta_2 X_{i2} + \cdots + \beta_p X_{ip}$$
$$Y(1) = \alpha + \beta_1 + \beta_2 X_{i2} + \cdots + \beta_p X_{ip}$$

つまり、

$$\beta_1 = \frac{1}{2}\{Y(1) - Y(-1)\} \qquad (3)$$

と、差$Y(1) - Y(-1)$の$1/2$となります。これが因子A_1単独の効果で、A_2以降の因子についても同様です。

🔵 8.3.3　交互作用

　因子の効果には、単独の効果に加え、組み合わせ効果がある場合もあります。例えば2つの因子A_j、A_kで、それぞれの水準X_jとX_kが共に-1あるいは共に1のときのYの値が、水準が-1と1、あるいは1と-1のときのYの値とは異なるとき、その差をA_jとA_kの**2因子交互作用**（two-factor interaction）といいます。

　また、2つの水準が同じときの値が水準が異なるときの値に比べて大きいときを**相乗的**といい、小さいときを**拮抗的**といいます。カップルで、男女とも背が高いかあるいは背が低い場合はうまくいき、男女で背の高さが異なるときはうまくいかないといった傾向があるとすると、男女のカップ

ルでの相性に関して2人の背の高さには交互作用があることになります。

交互作用を数式で表してみましょう。記号の煩雑さを避けるため、因子 A_j と A_k のみを取り上げ、モデルを次のようにします。

$$Y_i = \alpha + \beta_j X_{ij} + \beta_k X_{ik} + \gamma_{jk} X_{ij} X_{ik} + \varepsilon_i \left(i = 1, \ldots, n \right) \tag{4}$$

水準を表す変数の掛け算の項 $\gamma_{jk} X_{ij} X_{ik}$ がモデル式における（2因子）交互作用を表し、係数 γ_{jk} が交互作用を表すパラメータです。このような、全平均および主効果に交互作用項を加えたモデルを**交互作用モデル**といいます。

● 交互作用について考える

交互作用項の意味を考えます。モデル式（4）で $X_{ij} = X_{ik} = 1$ あるいは $X_{ij} = X_{ik} = -1$ のときは共に $X_{ij} X_{ik} = 1$ ですから、Y_i の値は、$\gamma_{jk} > 0$ のときは主効果の和 $\alpha + \beta_j X_{ij} + \beta_k X_{ik}$ よりも大きくなり、$\gamma_{jk} < 0$ のときは小さくなります。一方、$X_{ij} \neq X_{ik}$ のときは $X_{ij} X_{ik} = -1$ ですから、Y_i の値は、$\gamma_{jk} > 0$ のときは主効果の和 $\alpha + \beta_j X_{ij} + \beta_k X_{ik}$ よりも小さくなり、$\gamma_{jk} < 0$ のときは大きくなります。すなわち、2因子交互作用 $\gamma_{jk} > 0$ が相乗効果を表し、$\gamma_{jk} < 0$ が拮抗効果を表します。

3因子以上の交互作用も定義できます。すなわち3つの因子 A_j、A_k、A_l に対し、水準を表す2値変数を X_j、X_k、X_l としたとき、これらの積の項 $\omega_{jkl} = X_j X_k X_l$ は、X_j、X_k、X_l の中で -1 となるものが0個あるいは2個のときに同じ値となり、X_j、X_k、X_l の中で -1 となるものが1個あるいは3個のときに同じ値で符号が逆になります。

ところで、このような現象が現実にあるでしょうか。例えば3人のグループで、背の高い人がいないかあるいは2人いるときはうまくいき、背の高い人が1人もしくは3人のときはうまくいかない、といった状況は考えにくいでしょう。この理由から通常は、**3因子以上の高次の交互作用は想定しないとするのが一般的**で、後述するように、そう考える積極的な理由もあります。

8.3.4 効果の推定

記号の煩雑さを避けるため、3因子の2^3-型完全実施要因計画による実験を考えます。2^3-型計画は、**表2**（a）のように8回の実験からなるものです。一般のp因子でも、以下に述べるモデル式での項の数が増えるのみで本質は変わりません。

3因子での各水準を表す2値変数を（1）のようにX_jとしたとき、応答Yに対するモデル式を3因子交互作用まで書くと、

$$Y = \alpha + \beta_1 X_1 + \beta_2 X_2 + \beta_3 X_3 + \gamma_{12} X_1 X_2 + \gamma_{13} X_1 X_3 + \gamma_{23} X_2 X_3$$
$$+ \omega_{123} X_1 X_2 X_3 + \varepsilon, \ \varepsilon \sim N\left(0, \ \sigma^2\right) \tag{5}$$

となります。モデル（5）における未知パラメータ数は、モデル式部分の$\alpha, \beta_1, \beta_2, \beta_3, \gamma_{12}, \gamma_{13}, \gamma_{23}, \omega_{123}$の8つに偶然変動項の分散$\sigma^2$を加えた9つになります。$2^3$-型計画で得られるデータは8つですから、モデル式での8つのパラメータは推定可能です。しかし、σ^2を加えた9つのパラメータすべてを推定することはできません。分散σ^2は重要なパラメータですので、これを推定するためには、モデル式部分の項数を減らす必要があります。

8.3.3で述べたように、3因子交互作用は現実には想定しづらいことから、3因子（以上）の交互作用項をモデルから削除することにより、パラメータ数を減らすことができます。もう1つの方策は、2因子交互作用のうち存在しないと思われるもの、あるいはデータから存在しないと示唆されるものを0と置くことによりパラメータ数を減らす、いわゆる変数選択を実施することです。8.2の例では、ω_{123}に加えγ_{13}とγ_{23}を0とすることにより、結果として次のモデルでのパラメータを推定しています。

$$Y = \alpha + \beta_1 X_1 + \beta_2 X_2 + \beta_3 X_3 + \gamma_{12} X_1 X_2 + \varepsilon, \ \varepsilon \sim N\left(0, \ \sigma^2\right) \tag{6}$$

● パラメータの推定

実験によって得られたデータを用いたパラメータの推定を考えます。具体的にここでは、2^3-型計画により 表3 のような観測値 $y_i\,(i=1,\ldots,8)$ が得られたとします。これらは、モデル式（2）あるいは（4）における y_i の実現値です。定数項（全平均）α の推定値は、

$$a = \frac{1}{8}(y_1 + y_2 + y_3 + y_4 + y_5 + y_6 + y_7 + y_8) = \bar{y} \qquad (7)$$

と全データの平均値となります。

因子 A_1 の主効果を評価したいとします。因子 A_2、A_3 の水準をそれぞれ $X_2 = -1$、$X_3 = -1$ としたとき、X_1 を A_1 の異なる水準 -1 と 1 とすると応答の値は y_1 と y_5 ですので、差 $y_5 - y_1$ が $X_2 = -1$、$X_3 = -1$ のときの第1因子の効果となります。

同様に、$y_6 - y_2$ が $X_2 = -1$、$X_3 = 1$ のときの効果、$y_7 - y_3$ が $X_2 = 1$、$X_3 = -1$ のときの効果、$y_8 - y_4$ が $X_2 = 1$、$X_3 = 1$ のときの効果となります。そしてそれら4つの値の平均を取るのですが、4で割る代わりに実験回数の8で割った、

$$\begin{aligned} b_1 &= \frac{1}{8}\{(y_5 - y_1) + (y_6 - y_2) + (y_7 - y_3) + (y_8 - y_4)\} \\ &= \frac{1}{8}\{(y_5 + y_6 + y_7 + y_8) - (y_1 + y_2 + y_3 + y_4)\} \\ &= \frac{1}{8}(-y_1 - y_2 - y_3 - y_4 + y_5 + y_6 + y_7 + y_8) \end{aligned} \qquad (8)$$

が（2）の因子 A_1 の主効果 β_1 の推定値となります。同様の考察により、β_2 の推定値は、

$$\begin{aligned} b_2 &= \frac{1}{8}\{(y_3 - y_1) + (y_4 - y_2) + (y_7 - y_5) + (y_8 - y_6)\} \\ &= \frac{1}{8}\{(y_3 + y_4 + y_7 + y_8) - (y_1 + y_2 + y_5 + y_6)\} \\ &= \frac{1}{8}(-y_1 - y_2 + y_3 + y_4 - y_5 - y_6 + y_7 + y_8) \end{aligned} \qquad (9)$$

となり、β_3 の推定値は、

$$b_3 = \frac{1}{8}\{(y_2 - y_1) + (y_4 - y_3) + (y_6 - y_5) + (y_8 - y_7)\}$$

$$= \frac{1}{8}\{(y_2 + y_4 + y_6 + y_8) - (y_1 + y_3 + y_5 + y_7)\} \qquad (10)$$

$$= \frac{1}{8}(-y_1 + y_2 - y_3 + y_4 - y_5 + y_6 - y_7 + y_8)$$

となります。

　推定値 b_1 の推定式（8）の1行目の意味については上述しましたが、2行目、3行目の表現も重要です。2行目は、水準を表す X_1 が1の観測値の和から、それが -1 の観測値の和を引いたものです。実は、単にそれぞれの和同士の差を取っているのではなく、他の条件も加味しての差であることは重要です。3行目での各観測値の係数は、 表3 の因子 A_1 のコードそのものとなっています。

　すなわち（1）のコード化は、単に実験計画を示すだけでなく効果の計算式の係数も与えているのです。推定式（9）および（10）でも同様です。

● 交互作用項の推定

　交互作用項の推定式も同様の考え方により導出できます。モデル式（5）あるいは（6）における2因子交互作用 γ_{12} の推定式は、水準を表す変数の積 $X_1 X_2$ の符号によって得られます。すなわち、 表3 の $X_1 X_2$ の列から、

$$g_{12} = \frac{1}{8}(y_1 + y_2 - y_3 - y_4 - y_5 - y_6 + y_7 + y_8) \qquad (11)$$

となります。モデル式（5）あるいは（6）におけるパラメータの推定式が同じ（11）で与えられますが、そのためには実験計画の直交性という条件が必要となり、 表2 （a）の計画はその直交性を満たしています。直交性については 8.4 で説明します。同様に、（5）の2因子交互作用 γ_{13} および γ_{23} の推定式は、それぞれ、

$$g_{13} = \frac{1}{8}(y_1 - y_2 + y_3 - y_4 - y_5 + y_6 - y_7 + y_8)$$

$$g_{23} = \frac{1}{8}(y_1 - y_2 - y_3 + y_4 + y_5 - y_6 - y_7 + y_8)$$

によって与えられます。

同様の考えにより、モデル式（5）における3因子交互作用ω_{123}の推定式は、$X_1 X_2 X_3$の符号により、次式となります。

$$w_{123} = \frac{1}{8}(-y_1 + y_2 + y_3 - y_4 + y_5 - y_6 - y_7 + y_8)$$

実験回数から推定したパラメータの個数を引いた値が誤差分散σ^2の推定に使えるデータ数ということになり、これを誤差の自由度といいます。モデル式（6）ではパラメータがα，β_1，β_2，β_3，γ_{12}と5つありますので、それらを8個のデータから推定すると、誤差の自由度は$8-5=3$となります。 表4 （b）の2番目のブロックにおける「残差」の「自由度」として与えられている数字です。 表4 （a）では7つのパラメータを推定していますので、誤差の自由度は1となっています。

なお、誤差分散σ^2の推定値は、「残差」の「分散」に与えられています。自由度が少ないとこの推定の精度が悪くなります。誤差の自由度としていくつくらいを確保すればいいのかは議論の分かれるところですが、最低限4から5程度は確保すべきという意見もあります。

🔷 8.3.5　一部実施計画と交絡

因子数がpのとき、定数項と主効果に加えてp因子交互作用まで含めたモデルでのパラメータは全部で$1 + p + {}_p\mathrm{C}_2 + \cdots + 1 = 2^p$個あります。$2^p$-型完全実施要因計画での実験数は$2^p$ですから、$2^p$個のパラメータはすべて推定できることになります。しかし、上述のように誤差分散の推定ができないことに加え、3因子以上のパラメータは推定できたとしてもその解釈が判然としないことから、推定する必要もないことになります。そこで、高次の交互作用を推定しないことにより実験回数を減らせる可能性が

出てきます。それが一部実施要因計画のアイデアに結びつきます。

● 3因子の場合

2^3-型完全実施要因計画（**表5**）の1/2実施（**表6**）を例に説明します。
2^3-型計画の8回の実験のうち、水準を表す2値変数の積 $X_1 X_2 X_3$ の値が
-1 のものが No. 1, 4, 6, 7 の4つあり、$+1$ のものが No 2, 3, 5, 8 の4つあ
ります。これらのいずれかを実施するのが 2^3-型計画の1/2実施、すなわ
ち 2^{3-1}-型計画となります。**表7** は、**表6** の実験番号を1から4に付け替
えた 2^{3-1}-型計画です。

表7 一部実施要因計画と交絡

No.	X_1	X_2	X_3	$X_1 X_2$	応答
1	-1	-1	-1	1	Y_1
2	-1	1	1	-1	Y_2
3	1	-1	1	-1	Y_3
4	1	1	-1	1	Y_4

完全実施要因計画のときと同様、効果の推定値はコード化された因子の
水準を用いて計算できます。それぞれ実験回数の4で割って、全平均の推
定値は次式となり、

$$a = \frac{1}{4}(y_1 + y_2 + y_3 + y_4)$$

各因子の主効果は **表7** より、

$$b_1 = \frac{1}{4}(-y_1 - y_2 + y_3 + y_4)$$
$$b_2 = \frac{1}{4}(-y_1 + y_2 - y_3 + y_4)$$
$$b_3 = \frac{1}{4}(-y_1 + y_2 + y_3 - y_4)$$

と計算されます。

因子 A_1 と A_2 の交互作用は、**表7** の $X_1 X_2$ の列より、

$$g_{12} = \frac{1}{4}(y_1 - y_2 - y_3 + y_4)$$

となりますが、これはA_3の主効果b_3の値と符号が異なるのみで絶対値は同じです。すなわち、g_{12}の絶対値が大きくても、それがA_3の主効果によるものなのか、あるいはA_1とA_2の交互作用によるものなのかの区別がつきません。このとき、A_3の主効果とA_1とA_2の交互作用は**交絡**しているといいます。同様に、A_2の主効果とA_1とA_3の交互作用、A_1の主効果とA_2とA_3の交互作用が交絡します。

完全実施の2^3-計画では、すべての主効果と2因子交互作用が交絡することなくそれぞれ推定可能でしたが、その1/2実施である2^{3-1}-計画では、2因子交互作用は主効果と交絡してしまい、推定不可能です。実験回数を減らしているのですから止むを得ません。

3因子以上の交互作用は推定しないこととすれば、3因子以上の交互作用項と交絡する効果は単独で推定が可能となることから、**推定可能** (estimable)といいます。

● 4因子以上の場合

4因子の2^4-型完全実施要因計画の1/2実施である2^{4-1}-計画は8回の実験からなりますが、実験をうまく選ぶことによりすべての主効果の交絡相手は3因子交互作用となって、推定可能となります。2因子交互作用同士では交絡するものが出てきますので推定可能ではありませんが、存在しないことが想定される2因子交互作用があれば、それと交絡する2因子交互作用は推定可能となります。

5因子の2^5-計画の1/2実施である2^{5-1}-計画は16回の実験からなり、各主効果の交絡相手は4因子交互作用で推定可能であり、2因子交互作用の交絡相手は3因子交互作用で、これも推定可能となります。1/4実施の2^{5-2}-計画は8回の実験からなり、主効果の交絡相手は2因子交互作用となりますので、存在が想定されない2因子交互作用と交絡する主効果のみが推定可能となります。そのため、実験計画を注意深く選ぶ必要があります。

直交表を利用した計画の選択法については**8.4**で学びます。

8.4 統計手法の概説 （計画の直交性と直交表）

ここでは、前節までで議論した手法の理論的根拠を示します。

8.4.1 計画の直交性

採用する実験計画と想定したモデルをベクトルと行列で表示します。例えば、2^3-計画でモデル（6）を想定する場合には、

$$
\boldsymbol{Y} = \begin{pmatrix} Y_1 \\ Y_2 \\ Y_3 \\ Y_4 \\ Y_5 \\ Y_6 \\ Y_7 \\ Y_8 \end{pmatrix}, \; X = \begin{pmatrix} 1 & -1 & -1 & -1 & 1 \\ 1 & -1 & -1 & 1 & 1 \\ 1 & -1 & 1 & -1 & -1 \\ 1 & -1 & 1 & 1 & -1 \\ 1 & 1 & -1 & -1 & -1 \\ 1 & 1 & -1 & -1 & -1 \\ 1 & 1 & 1 & -1 & 1 \\ 1 & 1 & 1 & 1 & 1 \end{pmatrix}, \; \boldsymbol{\beta} = \begin{pmatrix} \alpha \\ \beta_1 \\ \beta_2 \\ \beta_3 \\ \gamma_{12} \end{pmatrix}, \; \boldsymbol{\varepsilon} = \begin{pmatrix} \varepsilon_1 \\ \varepsilon_2 \\ \varepsilon_3 \\ \varepsilon_4 \\ \varepsilon_5 \\ \varepsilon_6 \\ \varepsilon_7 \\ \varepsilon_8 \end{pmatrix} \quad (12)
$$

と置いて、

$$
\boldsymbol{Y} = X\boldsymbol{\beta} + \boldsymbol{\varepsilon}, \; \boldsymbol{\varepsilon} \sim N\left(\boldsymbol{0}, \; \sigma^2 I\right) \quad (13)
$$

と表現できます。ここで $\boldsymbol{\varepsilon} \sim N\left(\boldsymbol{0}, \; \sigma^2 I\right)$ は $\boldsymbol{\varepsilon}$ が期待値ベクトル $\boldsymbol{0}$、分散共分散行列 $\sigma^2 I$ の多変量正規分布に従うことを表しています。また I は単位行列で、このことは $\boldsymbol{\varepsilon}$ の各要素が互いに独立に正規分布 $N\left(0, \sigma^2\right)$ に従うことを意味します。そして（12）の行列 X を**デザイン行列**（design matrix）といいます。

この X については、

$$X'X = 8 \begin{pmatrix} 1 & 0 & 0 & 0 & 0 \\ 0 & 1 & 0 & 0 & 0 \\ 0 & 0 & 1 & 0 & 0 \\ 0 & 0 & 0 & 1 & 0 \\ 0 & 0 & 0 & 0 & 1 \end{pmatrix} \tag{14}$$

であることが示されます。ここでプライム（'）は行列の転置を表します。$X'X$の非対角要素がすべて0ということは、Xの各列の内積が0で、互いに直交していることを意味します。これが、**8.3.4**で述べた直交性です。このような各列が直交する計画を**直交計画**（orthogonal design）といいます。

● 推定量のベクトル・行列表示

一般に、回帰モデル$Y = X\boldsymbol{\beta} + \boldsymbol{\varepsilon}$における回帰係数$\boldsymbol{\beta}$の最小二乗推定量は、

$$\hat{\boldsymbol{\beta}} = (X'X)^{-1} X'Y \tag{15}$$

で与えられ、その期待値と分散共分散行列は、

$$E[\hat{\boldsymbol{\beta}}] = \boldsymbol{\beta}, \ V[\hat{\boldsymbol{\beta}}] = \sigma^2 (X'X)^{-1} \tag{16}$$

となります。

ここで注目すべきは（15）および（16）の式中に逆行列$(X'X)^{-1}$が現れていることです。（12）で定義されるデザイン行列Xでは（14）が成り立ちますから、$(X'X)^{-1} = \dfrac{1}{8}I$となり、（15）と（16）は簡単に、

$$\hat{\boldsymbol{\beta}} = \frac{1}{8} X'Y, \ V[\hat{\boldsymbol{\beta}}] = \frac{\sigma^2}{8} I \tag{17}$$

となります。Yの実現値を$\boldsymbol{y} = (y_1, \ldots, y_8)'$とすると、回帰係数の推定値は、

$$\boldsymbol{b} = \frac{1}{8} X'\boldsymbol{y} \tag{18}$$

となります。(18) のベクトルと行列表示を和の記号で書いたのが、(7) から (11) の計算式となります。

直交計画のときの (17) の結果は、次の2つの意味で重要です。

第一に**推定量がモデルに含まれる効果の選択に依存しない**という点です。**表4** (a)、(b) で既に見ましたが、モデルに取り込む変数に依存せずにそれぞれの効果が決まるということで、結果の解釈が容易になります。直交しない計画では、モデルに取り込む変数に依存して各効果の推定値が違った値となり、解釈に支障をきたします。

第二に、**各効果の推定量同士は独立である**点です。これにより、他の効果の有意性の有無にかかわらず当該効果の大きさが単独で評価できます。このように、直交計画は統計的に極めて望ましい性質を持つ計画です。

🧊 8.4.2　定義対比と交絡

8.3で見たように、一部実施要因計画では複数の効果が交絡することから、どの効果とどの効果とが交絡しているかという交絡パターンを知ることが重要となります。交絡パターンは次のようにして求められます。

因子の主効果をその因子の番号を示すボールド体の数字で表し、交互作用をそれらの数字の積として表現します。例えば、因子 A_1 の主効果は**1**、A_2 と A_3 間の2因子交互作用は**23**、A_1, A_2, A_3 間の3因子交互作用は**123**などです。そして8.3の 2^{3-1}-型計画の構成のときの3因子交互作用**123**のように、その正負によって一部実施計画に取り入れる実験を定める働きをする効果を**定義対比**といいます。

ある効果に対し、それと交絡する効果を求める操作は次の2つです。

（a）効果を表す数字と定義対比の数字とを形式的にかけ合わせる。
（b）かけ合わせて2乗となった数字を消去する。

この操作で残った数字に対応する効果が元の効果と交絡する効果となります。例えば 2^{3-1}-型計画の場合、定義対比は**123**ですので、A_1 と交絡する効果は、

$$1 \times 123 = 1^2 23 = 23$$

より、A_2とA_3の2因子交互作用であることがわかります。

● 分解能

定義対比に並んだ数字の個数を**分解能**(resolution)といい、ローマ数字で表します。

例えば2^{3-1}-型計画は分解能IIIの計画です。分解能IIIの実験では、主効果と2因子交互作用とが交絡します。分解能IVの実験では、主効果と交絡するのは3因子交互作用であり、複数の2因子交互作用同士が交絡します。よってこの計画では、前述のように主効果は単独で推定可能となります。分解能Vの実験では、主効果は4因子交互作用と交絡し、2因子交互作用の交絡相手は3因子交互作用ですから、主効果ならびに2因子交互作用はそれぞれ単独で推定可能となります。

一部実施計画の記述では、その計画の分解能を添字として2_{III}^{3-1}-型計画、2_{IV}^{6-2}-型計画のように書く場合もあります。

⬢ 8.4.3 直交表の利用

計画が直交するときは、統計的に望ましい性質を持つことがわかりました。**直交表**(orthogonal array)は、手軽に直交計画を作成し、かつ交絡パターンを表示できる優れたツールです。

直交表とは、 表8 のように数字1および2からなる表で、表の数字1を−1に、そして2を1に置き換えて表現し直すと、任意の2列が互いに直交するという性質を持つもののことをいいます。また各列は、線形モデルの定数項に対応する要素がすべて1の列ベクトルとも直交します。

表8 直交表 L_8

列番号 実験番号	(1)	(2)	(3)	(4)	(5)	(6)	(7)
1	1	1	1	1	1	1	1
2	1	1	1	2	2	2	2
3	1	2	2	1	1	2	2
4	1	2	2	2	2	1	1
5	2	1	2	1	2	1	2
6	2	1	2	2	1	2	1
7	2	2	1	1	2	2	1
8	2	2	1	2	1	1	2
列名	*a*	*b*	*ab*	*c*	*ac*	*bc*	*abc*

　直交表は、その表が定める実験回数（表の行数）を添字として L_8 などのように書く習慣があります。L はラテン方格（Latin square）の頭文字です）。

　表8 の直交表は1と2の2種類の数字からなっているため、**2水準型の直交表**と呼ばれます。一般に2水準型の直交表は、その行数が8、16、32のように2のべき乗となっています。それ以外にも3水準型や2水準と3水準が混じった混合型の直交表があります。直交表の各列に付けられた列名を利用して、交絡パターンを知ることができます。

　直交表の第1行目の実験は、各因子の水準がすべて1となっていますから、**各因子の2つの水準のうち好ましいと思われるほうを第1水準に取っておけば、全体として好ましいと思われる水準の組み合わせの実験は必ず実施される**ことになります。

● 直交表への因子の割り付けの例

　直交表への因子の割り付け方を、**表8** の L_8 を用いて説明します。直交表 L_8 には列が7つありますから、因子数2から7までの計画を作ることができます。因子数2の場合は列名 *a* と *b* に因子を割り付ければ、2^2-型計画の実験を2回ずつ繰り返すことになります。因子数3では列名 *a*、*b*、*c* の各列に因子を割り付けることにより、2^3-型完全実施計画が得られます。

4因子の場合には上記の3列に加え、**abc**と表示されている第7列にA_4を割り付けることにより、分解能IVの2_{IV}^{4-1}-型計画が得られます。列名に関する演算により、例えば次式から、

$$a \times abc = a^2bc = bc$$

A_1とA_4の交互作用は列名**bc**に対応する第6列に現れ、A_2とA_3との間の2因子交互作用と交絡していることがわかります。

　5因子では任意の5列を選び、それらに各因子を割り付けることによって分解能IIIの計画が得られます。しかし、それらの列の選び方および選んだ列への因子の割り付け方によって、主効果と交互作用との交絡のパターンが違ってきます。分解能IIIですので、主効果と2因子交互作用との交絡は避けられませんが、それでも重要な主効果と大きいかもしれない交互作用とがなるべく交絡しないような工夫が必要となります。主効果が大きい場合には交互作用も大きい可能性が高いことから、事前情報を考慮に入れた計画を求めなくてはなりません。

　重要な因子をまず**a**、**b**、**c**に対応する列に割り付ければ、それら同士の交絡は防げます。次に第4の因子を**abc**の列に割り付けることで、その因子とそれ以前に割り付けた3つの因子との間の2因子交互作用は主効果とは交絡しません。そして、最後の因子を**ab**、**bc**、**ac**のいずれかに割り付けます。

　6因子および7因子の場合も、同様の方針で重要な順に因子を割り付ければよいことになります。7因子ではすべての列に因子が割り付けられ、実験回数と推定すべきパラメータ数とが同じになります。このような計画を**飽和計画**といい、誤差の自由度が0になるため、効果の推定はできますが検定はできません。

CHAPTER

9

あるべきデータがない
〜欠測データの処理法〜

第9章の内容

　統計的データ解析を実際に行うと、すぐに、あるべきデータが得られていないという状況に遭遇します。欠測データの問題です。特にビッグデータのような大量のデータでは、どうしても欠測が多く発生します。欠測への対処法は、データサイエンティストに必要不可欠な知識とスキルです。

　自動車販売会社に勤めるＡさんは、ある新車の購入層のプロフィールを知ろうと思い、新車を購入した人たちにアンケート調査を行って様々な質問をしました。 表1 （b）はアンケート項目の中の年齢と世帯収入（万円）に関する10人分のデータです。年齢については10人全員が回答していますが、収入を答えてくれない人がいました（ 表1 （b）の網掛けの部分）。

　そこで、収入が無回答の人たちに個別にお願いをして何とか答えていただき、その結果をまとめた全データが 表1 （a）です。また、 表1 （b）から収入無回答の人たちを削除して作った、見かけ上無回答のない擬似的な完全データが 表1 （c）です。

　調査に無回答はつきものですが、調査ごとに無回答の人を再調査してデータを得ることなどは、現実にはできません。 表1 （b）のようなデータから結果を得なくてはいけないことがほとんどでしょう。

　 表1 （b）を見ると、年齢が高い人ほど収入について回答していません。年齢が高いほど収入も多く、そういう人たちは自分の年収を答えたがらない傾向にあるようです。よって、 表1 （b）の世帯収入回答者のみから求めた平均値の657.1万円は、この新車の購買層全体の平均世帯収入を過小評価することになっています。事実、 表1 （a）からは750.0万円という数字が出ています。

　 表1 （b）のように、データが得られないことをここでは**欠測**（missing）といいます。欠測を、欠損あるいは欠落という場合もあります。現実の多

表1 欠測を含むデータと全データ

（a）全データ

ALL	年齢	収入
ID01	25	400
ID02	28	500
ID03	30	600
ID04	32	900
ID05	40	600
ID06	45	900
ID07	48	700
ID08	53	1000
ID09	56	800
ID10	58	1100
平均	41.5	750.0
標準偏差	12.2	227.3
相関係数	0.769	

（b）欠測を含むデータ

MISSING	年齢	収入
ID01	25	400
ID02	28	500
ID03	30	600
ID04	32	900
ID05	40	600
ID06	45	900
ID07	48	700
ID08	53	
ID09	56	
ID10	58	
平均	41.5	657.1
標準偏差	12.2	190.2
相関係数	0.583	

（c）擬似完全データ

MISSING	年齢	収入
ID01	25	400
ID02	28	500
ID03	30	600
ID04	32	900
ID05	40	600
ID06	45	900
ID07	48	700
平均	35.4	657.1
標準偏差	8.9	190.2
相関係数	0.583	

くのデータセットには欠測が含まれるのではないでしょうか。ところが、Excelを始めとする多くの統計解析ソフトウエアは欠測のないデータセットを前提としていますので、欠測を含むデータセットはそのままでは分析できません。

　欠測はデータの分析者を悩ませる頭の痛い問題です。そこで、欠測を含むデータセットをどのように統計分析したらよいかを扱うのが本章のテーマです。

9.1 欠測値への対処法とその性質

欠測値を含むデータセットの分析では、まず、統計解析ソフトウエアの統計量の計算法とその結果を知ることが必要です。

9.1.1 CC解析とAC解析

表1 (a)、(b)、(c) の平均と標準偏差および相関係数は、それぞれExcelの組込関数であるAVERAGE関数、STDEV関数およびCORREL関数で計算したものです。欠測を含む範囲をドラッグして設定しても、平均と標準偏差は欠測箇所を無視した値を返します。

すなわち、「年齢」に関しては**表1**の (a) と (b) で同じ値となり、「収入」に関しては (b) と (c) とが同じ値となっています。

相関係数は (b) と (c) とで同じ値です。これは、相関係数を計算するCORREL関数が、2変量とも値のそろった7組の値から計算しているからです。相関係数は、共分散を各変量の標準偏差の積で割って求めますが、このときの「年齢」の標準偏差は10個のデータでなく7個のデータから求めています。

一般に多変量データで、**表1** (c) のように1箇所でも欠測のある個体（ケース）を削除して見かけ上全データがそろっている「擬似的な」完全データに基づく統計解析を、**Complete-Case解析（CC解析）**といいます。それに対し、例えばある変量の平均の計算では、個体の別の変量で欠測があっても関係ないことから、当該変量で得られたデータをすべて用いればよく、このような解析を**Available-Case解析（AC解析）**といいます。**表1** (b) の「年齢」の平均と標準偏差は「収入」での欠測とは無関係ですので、AC解析としての値です。

9.1.2 Excelなどの統計解析ソフトウエアを使う場合の問題点

さらに **表2** を見てください。**表2** （a1）は欠測を含むデータセットで（後の節で取り上げるデータです）、(a2)は1箇所でも欠測のあるケースを削除した、擬似的な完全データセットです。

表2 CC解析とAC解析

（a1）欠測を含むデータセット

ID	X1	X2	X3	Y
ID01	42	38	50	48
ID02	42	46	32	32
ID03	45	53	52	47
ID04	45	43	41	45
ID05	49	61	60	55
ID06	64	71	63	61
ID07	67	52	54	71
ID08	45		58	53
ID09	43	44		43
ID10	55			59
平均	49.7	51.0	51.3	51.4
標準偏差	9.20	10.77	10.32	10.90
VAR.P	76.2	101.5	93.2	106.8

（a2）擬似完全データセット

ID	X1	X2	X3	Y
ID01	42	38	50	48
ID02	42	46	32	32
ID03	45	53	52	47
ID04	45	43	41	45
ID05	49	61	60	55
ID06	64	71	63	61
ID07	67	52	54	71
平均	50.6	52.0	50.3	51.3
標準偏差	10.50	11.22	10.75	12.50

（b1）Available Case

AC	X1	X2	X3	Y
X1	1	0.671	0.531	0.875
X2	0.671	1	0.729	0.544
X3	0.531	0.729	1	0.775
Y	0.875	0.544	0.775	1

（b2）Complete Case

CC	X1	X2	X3	Y
X1	1	0.646	0.617	0.890
X2	0.646	1	0.729	0.513
X3	0.617	0.729	1	0.791
Y	0.890	0.513	0.791	1

表2 （a1）の各変量の平均と標準偏差はそれぞれの変量における観測データから求めたAC解析での値、(a2)の平均と標準偏差はCC解析での値です。Excelでは「分析ツール」の「相関」を用いて相関行列を求める

ことができますが、（a1）のデータセットから求めた相関行列が（b1）で、（a2）のデータセットから求めた相関行列が（b2）です。ここでの相関行列（b1）はAC解析の値になっています。

すなわち、欠測を含む範囲を指定して「分析ツール」の「相関」を適用すると、例えばX1とX2の相関係数は、X2の値のないID08とID10を除いた8組のデータから求められていて、X1とX3の相関係数は、X3の値のないID09とID10以外の8組のデータから求められているのです。

同じ相関行列における相関係数の計算が、それぞれ異なる個体のデータに基づくものとなっていることに注意してください。この計算法には批判もあって、**相関行列における各相関係数は、 表1 （c）や 表2 （a2）のように欠測がない、すべてのデータがそろった個体（擬似的な完全データ）のみから求めるべきであるとの意見もあります。**

Excelでは、 表2 （a1）のような欠測を含むデータから、Yを目的変数とし、X1, X2, X3を説明変数とした重回帰分析を実行しようとしても、欠測部分があるという理由でそれを実行することはできません。したがって、 表2 （a2）のような欠測のあるケースをすべて削除した擬似的な完全データから計算するか、あるいは欠測箇所に何らかの値を代入するかの措置が必要となります。

そこで次に欠測箇所を何らかの値で埋める方法を示します。

9.1.3　平均値代入と回帰代入

欠測箇所に何らかの値を代入する（埋める）ことを**補完**（imputeあるいはfill-in）といいます。補完における代入値の選び方にはいくつか種類があり、代表的なものとしては、当該変量の観測データの平均値とするもの（**平均値代入**）と、他の観測変量からの回帰による予測値とするもの（**回帰代入**）があります。

表3 は 表1 （b）の欠測箇所に、観測データの平均値の657.1を代入した平均値代入、および観測された7組のデータから求めた「年齢」（x）から「収入」（y）を予測する回帰式

$$y = 215.62 + 12.462x$$

による予測値を代入した、回帰代入の結果です。

図1 は（a）全データ（ 表1 （a））、（b）擬似完全データ（ 表1 （c））、
（c）平均値代入（ 表3 （a））、（d）回帰代入（ 表3 （b））の散布図と回帰
直線です。丸で囲った部分が代入箇所を示しています。

表3 平均値代入と回帰代入

（a）平均値代入

MEAN	年齢	収入
ID01	25	400
ID02	28	500
ID03	30	600
ID04	32	900
ID05	40	600
ID06	45	900
ID07	48	700
ID08	53	657.1
ID09	56	657.1
ID10	58	657.1
平均	41.5	657.1
標準偏差	12.2	155.3
相関係数	0.346	

（b）回帰代入

REG	年齢	収入
ID01	25	400
ID02	28	500
ID03	30	600
ID04	32	900
ID05	40	600
ID06	45	900
ID07	48	700
ID08	53	876.1
ID09	56	913.5
ID10	58	938.4
平均	41.5	732.8
標準偏差	12.2	198.0
相関係数	0.771	

(a) 全データ
（表1（a））

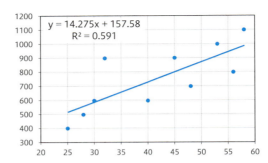

(b) 擬似完全データ
（表1（c））

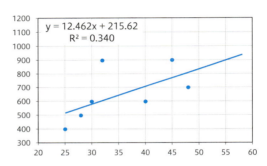

(c) 平均値代入
（表3（a））

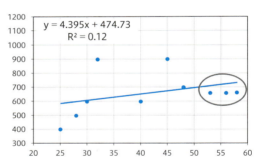

(d) 回帰代入
（表3（b））

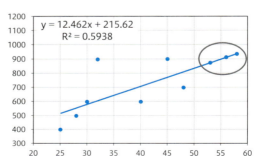

図1 欠測データと補完結果

● 平均値代入と回帰代入の特徴

表1 （a）の**全データからの平均値などの統計量の値が、欠測を含むデータから再現できるかどうかがポイントです。** 欠測データを削除した擬似完全データによるCC解析は、前述のように欠測した値が大きいほうに偏っているため、平均と標準偏差の過小評価をもたらしています。しかし、回帰直線に大きな差はありません。

平均値代入は、**表3** （a）からもわかるように平均値の過小評価は解消せず、標準偏差はさらに過小となっています。また**図1** （c）から、回帰直線も傾きが小さ過ぎてしまい、望ましくないことが見て取れるでしょう。実際の問題で平均値代入されている例を見かけることがありますが、避けるべき手法であるといえます。

平均値代入に比べ回帰代入は有望で、**表3** （b）では平均値の過小評価がほぼ解消されています。しかし、回帰直線からのばらつきが考慮されていないことから、標準偏差はやや過小評価であり、回帰直線の見かけ上の当てはまりが実際よりもよいという誤解を与えかねません。結果の解釈には注意が必要です。

● その他の補完法

上記は欠測箇所に1つの値を代入する単一代入法（single imputation）ですが（単純代入法：simple imputationともいいます）、同じ欠測箇所に複数の代入値を補完する多重代入法（multiple imputation）が最近では実用に供されています。多重代入法については、**9.4**で再度議論します。

それ以外の補完法としては、同じデータセットの中から、観測箇所の似通った個体を選び出し、欠測箇所にその個体の当該変量の値を代入する**ホットデック（hot deck）法**、似通ったデータを別のデータセットから探してくる**コールドデック（cold deck）法**などがあります。特にホットデック法は、官庁統計などでの補完に用いられています。

9.2 欠測データの統計処理の基本

欠測を含むデータの統計分析では、欠測のない全データでの分析結果がターゲットとなります。また、欠測により実質的な観測値数が減っていますので、その減少分を考慮した結果の提示でなければなりません。欠測値を復元することはできませんから、何よりもまず、欠測を起こさない工夫が必要なことはいうまでもありません。再調査したとしても、既に状況が変わっていたり記憶に頼ると思い出しバイアスが発生したりします。

9.2.1 欠測のパターン

欠測を含むデータセットが、各個体と変量を並べ替えて欠測箇所が右下に集められるようにできるとき、欠測パターンは**単調**（monotone）であるといいます。**図2**は単調な欠測パターンの例で、＊は観測を表し、？は欠測を表します。ただし、**変量は並べ替えられることが前提です**。後述の**表4**のように**時間を追って観測がなされる場合には、変量を並べ替えることはできません**。

＊	＊	＊
＊	＊	＊
＊	＊	＊
＊	＊	？
＊	＊	？
＊	？	？
＊	？	？

図2 単調な欠測パターン

単調な欠測パターンの例としては、変量が2つのみで、片方の変量ではすべての観測値が得られ、欠測はもう片方にのみ生じる、という場合があります（**表1**（b））。また、データが時間を追って観測され、欠測は**個体の脱落（ドロップアウト）**のみの場合も、個体を並べ替えることにより単

調な欠測パターンとなります。

表4 はある薬剤（降圧剤）の臨床試験において2週ごとにデータを取り、12週間観察する研究でのデータの一部で、**図3** はそのグラフ表示です（○印が欠測時点）。単調な欠測パターンであることがわかります。これに比べて、**表2**（a1）のデータセットでの欠測パターンは単調ではありません。**欠測パターンが単調なときは、解析が容易になるという利点があります。**

表4 薬剤の臨床試験におけるデータ（12週観測）

DROP	W0	W2	W4	W6	W8	W10	W12
ID1	142	128	126	124	130	132	126
ID2	144	148	142	136	130	130	132
ID3	150	140	136	130	132	130	130
ID4	152	140	148	144	150	144	144
ID5	154	142	146	132	128	126	124
ID6	156	152	148	148	152		
ID7	158	138	140				
ID8	160	154	158				
平均	152.0	142.8	143.0	135.7	137.0	132.4	131.2
標準偏差	6.41	8.41	9.50	8.98	10.94	6.84	7.82
N	8	8	8	6	6	5	5

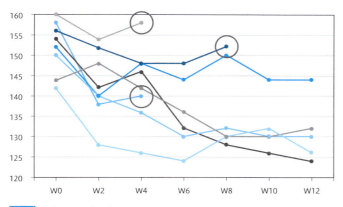

図3 脱落による欠測

9.2.2 欠測メカニズム

欠測がデータに依存してどのように起こったのかを示すのが**欠測メカニズム**（missingness mechanism）で、これを知ることはデータの分析において極めて重要です。欠測メカニズムには大きく分けて次の3種類があります。

(1) 欠測は完全にランダム（Missing Completely At Random：MCAR）
(2) 欠測はランダム（Missing At Random：MAR）
(3) 欠測はランダムでない（Missing Not At Random：MNAR）

なお、MNARは書物によってはNot Missing At Random（NMAR）と呼ばれることもあります。これらのうちMCARとMARは混同されがちですので注意が必要です。ちなみに、MCARとMARが異なることの認識が、その後の欠測データの統計解析の理論の発展をもたらしました。

MCARは、欠測がそれまで観測されていた値、あるいはこれから観測されるであろう値に無関係にランダムに生じることをいいます。それに対しMARは、欠測がそれまで観測されていた値には依存するがこれから観測されるであろう値に依存しないで生じることをいいます。MNARは、欠測がこれまで観測されていた値に加え、これから観測されるであろう値にも依存して生じることをいいます。

例えば新薬開発の臨床試験で、欠測の理由が実験参加者の転居などの試験や薬剤とは全く無関係なものであればMCAR、それまでの経過で病気が治癒したと思うあるいは薬剤の効果が見られないとの自身の判断によるのであればMAR、病状が重くて予定されていた日に病院に行かれないのであればMNARとなります。

● 2変量データにおける欠測の例

2変量データ (x, y) で、x はすべて観測されて欠測は y のみに生じる場合、y の欠測が x にも y にもよらずに発生する場合はMCAR、x にのみ依存して発生する場合はMAR、そして欠測が y 自身および x に依存する場合はMNARとなります。

表5 は身長（x）と体重（y）の2変量データで、全データと3種類の欠測メカニズムの例示です。

表5 全データと3種類の欠測メカニズム

(a) 全データ

ALL	身長	体重	BMI
ID01	152	48	20.8
ID02	153	44	18.8
ID03	155	51	21.2
ID04	158	46	18.4
ID05	160	58	22.7
ID06	161	50	19.3
ID07	161	57	22.0
ID08	163	59	22.2
ID09	164	54	20.1
ID10	166	55	20.0
平均	159.3	52.2	20.5
標準偏差	4.72	5.20	1.47

(b) MCAR

MCAR	身長	体重	BMI
ID01	152	48	20.8
ID02	153		0.0
ID03	155	51	21.2
ID04	158	46	18.4
ID05	160		0.0
ID06	161	50	19.3
ID07	161	57	22.0
ID08	163	59	22.2
ID09	164		0.0
ID10	166	55	20.0
平均	159.3	52.3	14.4
標準偏差	4.72	4.82	9.99

(c) MAR

MAR	身長	体重	BMI
ID01	152	48	20.8
ID02	153	44	18.8
ID03	155	51	21.2
ID04	158	46	18.4
ID05	160	58	22.7
ID06	161	50	19.3
ID07	161	57	22.0
ID08	163		0.0
ID09	164		0.0
ID10	166		0.0
平均	159.3	50.6	14.3
標準偏差	4.72	5.29	9.97

(d) MNAR

MNAR	身長	体重	BMI
ID01	152	48	20.8
ID02	153	44	18.8
ID03	155	51	21.2
ID04	158	46	18.4
ID05	160		0.0
ID06	161	50	19.3
ID07	161		0.0
ID08	163		0.0
ID09	164	54	20.1
ID10	166	55	20.0
平均	159.3	49.7	13.9
標準偏差	4.72	4.03	9.60

(a) 全データ

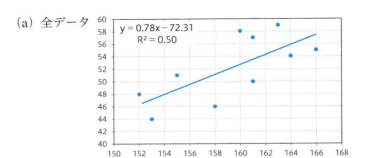

(b) MCAR

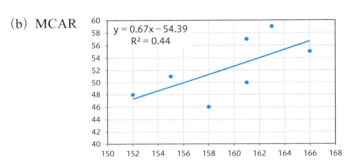

(c) MAR

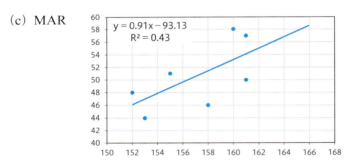

(d) MNAR

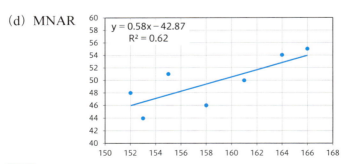

図4 全データと3種類の欠測メカニズム

（a）は全データ、（b）はyの欠測がxにもyにも依存しないで完全にランダムに生じているMCAR、（c）はxの大きな値のyが欠測しているMAR、（d）はyの大きな値のyが欠測しているMNARです。図4 は 表5 のデータの散布図に回帰直線を描き入れたものですが、回帰直線はMCARとMARでは全データの場合とほぼ同じですが、MNARではかなり異なったものとなっていることがわかります。

9.2.3　欠測の理由とデータに与える影響

データに欠測がある場合には、当然ながら、なぜ欠測が生じたのかの理由をできるだけ知るべきです。

例えば新薬開発の臨床試験では、試験参加者が研究期間の途中で病院に来なくて検査値が欠測となることが往々にして生じます。その理由として、（i）病気の治癒、（ii）薬剤の効果なし、（iii）薬剤に起因する有害事象の発現、（iv）試験方法の不備や試験参加者の不満、（v）何らかの健康の理由、および（vi）臨床試験とは無関係な外部的要因などが挙げられます。病気の症状がよくなったから病院に来なくなったのか、逆に症状が重くなったから来なくなったのかによって、そのデータの扱いは正反対となります。

このようにデータの欠測の原因によってその後の扱いが変わってきますから、欠測の原因をできる限り知ることが重要です。そのため、脱落後のフォローアップによる情報収集が必要となったりします。

本章の最初の部分で、年齢層が高く収入が多い人ほど「収入」を答えない傾向があるかもしれないと述べましたが、逆に、収入が低いほど体裁が悪いため答えたがらない可能性もあります。特に欠測メカニズムがMNARのときは、どういう個体が欠測となりがちなのかをモデル化する必要があり、その際に欠測の理由をどう捉えるかが重要となります。

9.3 欠測への対処法とその結果

ここでは、欠測への対処法の実際とその使用上の注意を述べます。

9.3.1 欠測への3種類の対処法

データセットに欠測が含まれている場合の対処法としては、大きく分けて次の3種類があります。

(1) 削除法：1箇所でも欠測のある個体（ケース）は削除して擬似的な完全データセットとする
(2) 補完法：欠測箇所に何らかの値（擬似データ）を代入して見かけ上完全データセットとする
(3) モデル化法：欠測をモデル化してそのまま分析する

● 削除法

削除法は、**9.1**でのCC解析に相当するものです。欠測の割合が多くない場合には最も簡便な方法で、欠測メカニズムがMCARのときは偏りのない妥当な結果を与えます。しかし、欠測メカニズムがMCARでないと、**9.2**で示したように分析結果に偏りをもたらしますし、多変量データで1箇所でも欠測のある個体を削除すると、結果として分析に供するデータ数が少なくなってしまう恐れがあります。何よりもせっかく観測されている部分まで削除してしまっては、データがもったいないといえるでしょう。

● 補完法

補完法は有力な手法です。削除法とは異なり観測されたデータをすべて用いている点は魅力ですが、当然ながら代入値の選び方には注意が必要です。注意すべき点の1つは、**代入した値はあくまでも擬似データであり、**

データ数が増えた訳ではないということです。統計分析ではそのことを念頭に置かなければなりません。 図1 （d）が典型的ですが、回帰代入した値は回帰直線上に乗っているので回帰直線からの残差は0で、回帰直線の当てはまりが実際以上によく見えてしまいます。

同じデータセットに対していくつかの統計手法を適用することを考えると、擬似データの補完により擬似的であるとはいえ欠測のない完全データセットができることは魅力的です。

● モデル化法

欠測メカニズムがMNARのときは、欠測の**モデル化**が必須です。モデル化のためには、欠測の理由とそれに基づく数学的な定式化が必要となります。例えば、**9.2**の最後で触れたように収入が多い人が欠測となるのか、逆に収入の低い人が欠測になるのかとか、**9.2**の 表5 のような身長と体重の場合、体重が重い人が欠測となるのか、肥満判定基準のBody Mass Index（BMI）の値が大きい人ほど欠測となるのかによって、モデル化の仕方が変わってきます。

データサイエンティストの力量が問われる訳ですが、モデル化による分析にはそれ相応のプログラミングスキルと統計的な知識が必要となりますので、上級者向けの手法といえます。

9.3.2　1変量データでの対処法

互いに独立なn個の1変量データ$(x_1, \ldots, x_n)$の中で、実際に値が観測されたのがm個で、残りの$n-m$個は欠測となったとします。ここでは、各観測値は独立と想定しているので、観測値の添字を適当に付け替えて観測データを1番目からm番目までとし、全データを$(x_1, \ldots, x_m, ?, \ldots, ?)$とします。

当初のn個中で欠測となったのが$n-m$個あったという情報は重要です。欠測データがいくつあったのかはわからない場合は、例えばある値c以上のものは値が観測されないといった情報を元に、データの確率分布をモデル化した上での分析が必要となります。

● 1変量データの欠測メカニズムと具体例

1変量データの場合は、欠測メカニズムはMCARかMNARのいずれか
です。MCARであれば、当初n個のデータを集める計画であったがm個だ
けが観測された場合でも、最初からm個のデータの観測を計画したとして
解析しても差し支えありません。当初の計画が独立にn個を集める予定で
あったが、その中の$n-m$個が独立に欠測となっていますから、当初から
独立にm個集めると考えても差し支えない訳です。

欠測メカニズムがMNARの場合は、欠測メカニズムをモデル化して分
析する必要があります。例えばある値c以上のものは観測されないという
場合には（これを**打ち切り**：censoringといいます）、それを考慮した分析
が必要です。寿命データの分析を扱った**第7章**で、その分析法を紹介して
います。

例を挙げて見ていきましょう。 **表6** はある機械部品の寿命試験で、当
初$n=10$個の部品で$c=31$日間の観測を行い、31日以前に故障した部品
の$m=8$個はその寿命が記録されましたが、31日を超えてまだ稼働してい
る部品（ **表6** では31+と表示）は、その個数の$n-m=2$のみが報告され
ました。寿命は平均μの指数分布に従うとしますと、μの推定値は、

$$\hat{\mu} = \frac{1}{m}\{(x_1 + x_2 + \cdots + x_m) + (n-m)c\}$$
$$= \frac{1}{8}\{(1 + 2 + \cdots + 30) + 2 \times 31\} = 18.625$$

と求められます。観測寿命データの和を、当初の予定の$n=10$ではなく観
測個数の$m=8$で割るところがポイントです。詳しくは**第7章**を参照して
ください。

表6 寿命データの例（単位：日）

No.	1	2	3	4	5	6	7	8	9	10
Days	1	2	3	7	8	12	24	30	31+	31+

9.3.3　2変量データでの対処法

ここでは、2変量正規分布 $N_2\left(\mu_x, \mu_y, \sigma_x^2, \sigma_y^2, \sigma_x \sigma_y \rho\right)$ からのランダムサンプルに基づく各パラメータの推定を考えます。

最初に、2変量のうち x はすべてが観測され、欠測は y のみに生じるとします。 表5 (c) の状況です。2変量とも観測された組が m 組あって、それらを $(x_i, y_i), i = 1, \ldots, m$ とし、残りの $n - m$ 組は y が欠測となり $(x_{m+1}, ?), \ldots, (x_n, ?)$ とします。x の期待値 μ_x と分散 σ_x^2 は全データ $x_1, \ldots, x_n$ から求めた標本平均 $\bar{x} = \dfrac{1}{n}\sum_{i=1}^{n} x_i$ と標本分散 $s_x^2 = \dfrac{1}{n-1}\sum_{i=1}^{n}(x_i - \bar{x})^2$ により、偏りなく推定されます。

● 欠測メカニズムがMCARの場合

欠測メカニズムがMCARであれば、y の期待値 μ_y と標準偏差 σ_y は、AC解析として、観測された $y_1, \ldots, y_m$ から求めた標本平均 $\bar{y} = \dfrac{1}{m}\sum_{i=1}^{m} y_i$ と標本分散 $s_y^2 = \dfrac{1}{m-1}\sum_{i=1}^{m}(y_i - \bar{y})^2$ により、偏りなく推定されます。また、相関係数 ρ も、2変量ともデータの得られている m 組のデータから求めた標本相関係数 r により、偏りなく推定されます。実用上はこれで十分でしょう。

しかしこれは、データの持つすべての情報を使っているとはいえません。y が欠測となった $n - m$ 組のデータでも、x と y の相関が強ければ観測された x は欠測となった y に関する情報を持っていますので、それを使うことが考えられます。

x が与えられたときの y の条件付き期待値（回帰直線）は、

$$y = \alpha + \beta x, \quad \alpha = \mu_y - \beta\mu_x, \quad \beta = \rho\frac{\sigma_y}{\sigma_x} \tag{1}$$

で、条件付き分散は、

$$\tau^2 = \sigma_y^2(1 - \rho^2) \tag{2}$$

です（回帰分析の書物を参照してください）。

両変量が観測された m 組のデータから求めた回帰直線を $y = a + bx$ と

し、誤差分散をt^2とします。ここで、a、b、t^2はそれぞれ（1）のα、βおよび（2）のτ^2の推定値です。このとき、（1）の関係式よりμ_y、σ_y^2およびρの推定値が

$$\hat{\mu}_y = a + b\bar{x}, \quad \hat{\sigma}_y^2 = t^2 + b^2 s_x^2, \quad \hat{\rho} = b s_x / \hat{\sigma}_y \tag{3}$$

と求められます。（3）の$\hat{\mu}_y$がm個の観測データから求めた$\bar{y}$よりも精度がよいための条件は、$|\rho| \geq \dfrac{1}{\sqrt{m-2}}$であることが示されています。

● 欠測メカニズムがMARの場合

欠測メカニズムがMARだと、AC解析である$\bar{y}$とs_y^2および標本相関係数rはそれぞれのパラメータの推定量としては偏りを持ちます。MARであれば、yの欠測はxにのみ依存し、xが与えられればそのxに対して条件付きでMCARとなりますから、xの条件付きでのモデルである（1）の回帰モデルを用いた分析が妥当なものとなります。すなわち、MCARのときと同じように（3）により推定値を求めることが必要となり、かつそれが妥当な結果を与えます。

表1 （b）のデータは2変量正規分布に従うとし、欠測メカニズムはMARとして計算してみましょう。「年齢」（x）の期待値μ_xと分散σ_x^2の推定値は、それぞれ10個のデータから求めた$\bar{x} = 41.5$と$s_x^2 = (12.2)^2$です。「収入」（y）に関しては、7個の観測データのみから求めた標本平均$\bar{y} = 657.1$と標本分散$s_y^2 = (190.2)^2$および7組のデータから求めた標本相関係数$r = 0.583$は偏りを持ちます。

「年齢」から「収入」を予測する回帰分析の結果は、表7 のようになります。

表7 Excelによる回帰分析の出力

回帰統計	
重相関 R	0.583
重決定 $R2$	0.340
補正 $R2$	0.208
標準誤差	169.268
観測数	7

分散分析表

	自由度	変動	分散	分散比	有意 F
回帰	1	73884.599	73884.6	2.579	0.169
残差	5	143258.258	28651.7		
合計	6	217142.857			

	係数	標準誤差	t	P-値	下限 95%	上限 95%
切片	215.616	282.296	0.764	0.479	-510.050	941.281
年齢	12.462	7.761	1.606	0.169	-7.487	32.412

表7 より、回帰直線は $y = 215.62 + 12.462x$、誤差分散は $t^2 = (169.3)^2$ となりますので、関係式（3）より、

$$\hat{\mu}_y = a + b\bar{x} = 215.62 + 12.462 \times 41.5 = 732.8$$

$$\hat{\sigma}_y^{\,2} = t^2 + b^2 s_x^{\,2} = (169.3)^2 + (12.462)^2 \times (12.2)^2 = (227.9)^2$$

$$\hat{\rho} = b\, s_x / \hat{\sigma}_y = 12.462 \times 12.2 / 227.9 = 0.669$$

を得ます。

AC解析での $\bar{y} = 657.1$、$s_y^{\,2} = (190.2)^2$、$r = 0.583$ に比べると、**表1** (a) の全データでの平均750、分散 $= (227.3)^2$、相関係数 $= 0.769$ に近くなっていることが見て取れます。なお μ_y の推定では、欠測箇所への回帰代入により擬似的な完全データを作って求めた標本平均からも同じ推定値が得られます（**表3** (b) を参照）。しかし、$\sigma_y^{\,2}$ の推定は（3）によらなくてはいけません。

● 欠測メカニズムがMNARの場合

欠測メカニズムがMNARの場合には、欠測の理由を確かめ、例えばアンケート調査で収入がある値cよりも大きいときには回答されないなどといった、欠測のメカニズムを定式化して推定しなくてはいけません。これは本書の程度を超えるので、ここでは割愛します。

● 欠測が2変量に発生する場合

欠測がyのみでなくxにも生じる場合には、欠測メカニズムがMCARであれば、得られたデータから求めたAC解析が各パラメータの偏りのない推定値を与えます。欠測メカニズムがMARあるいはMNARでも、適当な定式化とアルゴリズムによって推定値を求められなくはありませんが、極めて複雑な計算を必要としますので、これもここでは割愛します。専門の書籍を参照してください。

◆ 9.3.4　多変量データでの対処法

多変量データでは、欠測のパターンが複雑になります。3変量であっても、欠測のパターンは、欠測がない場合を含んで、すべてが欠測となる場合を除くと、**図5**（a）のような7種類となります。それに対し欠測パターンが単調であれば、**図1**（b）の3種類のみとなります。

*	*	*
*	*	?
*	?	*
?	*	*
*	?	?
?	*	?
?	?	*

*	*	*
*	*	?
*	?	?

（a）一般の欠測パターン　　　（b）単調な欠測パターン

図5 3変量データでの欠測のパターン

欠測メカニズムがMCARの場合

欠測メカニズムがMCARであれば、多変量データの平均、分散および相関係数の推定は、**表2** に示したようなAC解析によって偏りなく行うことができます。欠測パターンが単調であれば、**9.3.3**の2変量のときの計算の拡張によってより精度の高い推定もできますが、計算はやや複雑になります。AC解析、もしくは欠測割合が少なければCC解析でもある程度の精度を有した推定が可能です。

欠測メカニズムがMAR、MNARの場合

欠測メカニズムがMARですと、AC解析の結果は偏りを持ちます。その際には、欠測パターンが単調であれば**9.3.3**の2変量の拡張のような計算が必要となりますが、単調でない場合はそのテクニックが使えません。そのため、欠測パターンを単調にする予備的な作業が必要となります。

単調ではない欠測パターンのデータセットを単調にするには、単調性を崩している原因となる個体を削除するか、あるいは欠測箇所に値を代入するかのいずれかですが、削除は観測データを無駄にしますので望ましくありません。このため、代入とすべきですが、代入する回帰モデルを欠測パターンごとに個別に作成しなくてはいけないため、計算が複雑になります。

欠測メカニズムがMNARのときはさらに難しくなります。

欠測データに対処するソフトウエアも開発されていますので、それらに任せるのが現実的な選択です。詳しくは**9.4**を参照してください。

9.3.5 重回帰分析

重回帰分析とは、目的変数yの値をp個の説明変数$x_1, \dots, x_p$を用いて次式により予測する方法です。

$$y = b_0 + b_1 x_1 + \cdots + b_p x_p$$

重回帰分析では、(i) 説明変数の欠測、(ii) 目的変数の欠測、(iii) その両方の欠測、が生じ得ます。ここでは、欠測メカニズムをMCARあるい

はMARとします。

　ある予備校で本番の入試の前に3回の模擬試験を実施するとし、入試の点数をy、3回の模擬試験の点数をそれぞれx_1、x_2、x_3とします。予備校の生徒は3回とも模擬試験を受けるとは限りませんから、データは 表2 （a1）のように与えられることでしょう。あるいは、模擬試験を受けた生徒が本番の入試の点数を報告しなかったとすると、データは例えば 表8 （a）のようになります（ 表8 （b）の説明は後述します）。

表8 目的変数の欠測と回帰代入

（a）目的変数の欠測

ID	X1	X2	X3	Y
ID01	42	38	50	48
ID02	45	53	52	47
ID03	45	64	58	53
ID04	49	61	60	55
ID05	55	61	58	59
ID06	64	71	63	61
ID07	67	52	54	71
ID08	42	46	32	
ID09	43	44	45	
ID10	45	43	41	
平均	49.7	53.3	51.3	56.3
標準偏差	9.20	10.69	9.60	8.30

（b）欠測箇所への回帰代入

ID	X1	X2	X3	Y
ID01	42	38	50	48
ID02	45	53	52	47
ID03	45	64	58	53
ID04	49	61	60	55
ID05	55	61	58	59
ID06	64	71	63	61
ID07	67	52	54	71
ID08	42	46	32	32.7
ID09	43	44	45	44.3
ID10	45	43	41	43.8
平均	49.7	53.3	51.3	51.5
標準偏差	9.20	10.69	9.60	10.75

　Excelの「分析ツール」の「回帰分析」では、説明変数あるいは目的変数に欠測があると分析してくれないため、欠測のない完全データを用意する必要があります。すなわち、1箇所でも欠測のある個体を削除したデータセット（ 表2 （a2））によるCC解析とするか、あるいは欠測箇所に何らかの値を代入して擬似完全データを作成するかのいずれかです。

　 表8 （a）から欠測のある個体を削除しても、 表2 （a2）のようになります（説明のための擬似データセットです）。 表2 （a2）の7組のデータから求めた重回帰式は、 表9 より次式となります。

$$y = -7.019 + 0.950x_1 - 0.523x_2 + 0.745x_3 \qquad (4)$$

表9 は、Excelの「分析ツール」の「回帰分析」で目的変数 y に対して説明変数を x_1、x_2、x_3 とした重回帰分析の出力です。

表9 Excelによる重回帰分析の出力

回帰統計	
重相関 R	0.988
重決定 $R2$	0.976
補正 $R2$	0.952
標準誤差	2.748
観測数	7

分散分析表

	自由度	変動	分散	分散比	有意F
回帰	3	914.769	304.923	40.369	0.006
残差	3	22.660	7.553		
合計	6	937.429			

	係数	標準誤差	t	P-値	下限 95%	上限 95%
切片	-7.019	6.111	-1.148	0.334	-26.467	12.430
X1	0.950	0.146	6.517	0.007	0.486	1.414
X2	-0.523	0.157	-3.336	0.045	-1.023	-0.024
X3	0.745	0.159	4.692	0.018	0.240	1.251

● 目的変数に欠測がある場合と期待値の推定

目的変数に欠測がある場合には、欠測のある個体は目的変数と説明変数の関係に関する情報を持たないので、欠測個体を削除したCC解析が妥当になります。また、欠測メカニズムがMCARあるいはMARであれば、重回帰分析は説明変数の値の条件付きでの分析手法ですので、回帰係数の推定結果は妥当なものとなります。

目的変数の期待値の推定では、欠測メカニズムがMCARのときは、2変量データのときと同じように、求めた回帰式によって目的変数の欠測箇所の予測値を求めた上での平均値がさらによい推定値となりますし、欠測メカニズムがMARであればその推定法が必要となります。

表8 （b）は欠測箇所を回帰式（4）により予測値を代入したもので、それらの平均51.5が目的変数yの期待値の妥当な推定値となります。ただしこの場合yの分散は、回帰モデルからのばらつきを考慮していないので、過小評価になります。

9.3.6　経時測定データとLOCF

同じ個体に対し時間を追って複数個の観測がなされるデータを、**経時測定データ**といいます。この種のデータでは、観測途中で欠測が少なくない頻度で生じます。特に、ある時点以降のデータが得られないことがあり、これを**脱落**（drop out）といいます。**表4** および **図3** は脱落の生じた経時測定データの典型的な例です。

この種のデータの分析では、研究終了時以前に脱落が生じた個体の脱落時の値を最終的な観測値と見なすことがあります。この対処法を**最終観測値延長法**（Last Observation Carried Forward = LOCF）といいます。**表10** と **図6** は、**表4** および **図3** のデータにLOCF法を適用した結果です。脱落時の値を最後まで延長している様子がわかります。

表10 LOCF

LOCF	W0	W2	W4	W6	W8	W10	W12
ID1	142	128	126	124	130	132	126
ID2	144	148	142	136	130	130	132
ID3	150	140	136	130	132	130	130
ID4	152	140	148	144	150	144	144
ID5	154	142	146	132	128	126	124
ID6	156	152	148	148	152	152	152
ID7	158	138	140	140	140	140	140
ID8	160	154	158	158	158	158	158
平均	152.0	142.8	143.0	139.0	140.0	139.0	138.3
標準偏差	6.41	8.41	9.50	10.90	11.81	11.56	12.40
N	8	8	8	8	8	8	8

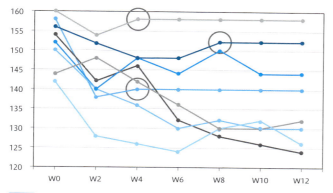

図6 LOCFの図示

　LOCF法は、脱落への対処法としてこれまで頻繁に用いられてきましたし、今でも用いられています。しかし、脱落時以降の観測値の動きを全く考慮していない点などから批判も多く、用いられる頻度は徐々に減ってきています。

　また、脱落は何らかの理由によって生じ、いつ脱落したのかの情報は重要ですので、脱落データを単に最終時点に延長するのではなく、脱落時点をも加味した分析も行われます。

　いずれにせよこれらの分析法には高度な統計理論と専用のソフトウエアを必要としますので、ここではこれ以上立ち入らないこととします。

9.4 統計手法の概説（欠測のモデルと多重代入法）

ここでは、欠測メカニズムがMNAR、すなわち欠測が当該データの値に依存して生じる場合の2つのモデルと、MARのときに最近になって応用が増えている多重代入法について述べます。

9.4.1 MNARの下での欠測のモデル

9.3では、欠測メカニズムとしてMCARとMARを想定した上での分析法を議論しました。ここでは欠測メカニズムがMNARのときのモデルを2つ扱います。選択モデルとパターン混合モデルです。

欠測メカニズムのモデル化により、欠測データの解析では何が問題で、妥当な結果を得るためにはどのような情報が必要とされるかが明確になります。以下では簡単のため1変量のモデルを扱いますが、多変量の場合も表現が複雑となるだけで、基本となる考え方は同じです。

● 選択モデル

選択モデル（selection model）は、データの母集団分布全体での確率分布$f(x)$を想定した上で、ある値xの個体が観測される条件付き確率$h(x)$ $= P(観測 \mid x)$を想定します。このとき、観測データの分布は$g_1(x) = h(x)$ $f(x)$となり、欠測データの分布は$g_2(x) = (1 - h(x)) f(x)$となります。この場合、データとして実際に観測されるのは分布$g_1(x)$で、次式で示す観測率も観測可能です。

$$p = \int_{-\infty}^{\infty} h(x) f(x) dx$$

● パターン混合モデル

パターン混合モデル（pattern mixture model）は、母集団全体ではなく観測および欠測データごとに分布をモデル化します。すなわち、観測デー

タの分布および欠測データの分布をそれぞれ$g_1(x)$および$g_2(x)$と想定し、観測率をpとすると、母集団全体での分布は次式となります。

$$f(x) = pg_1(x) + (1-p)g_2(x)$$

この場合は$g_1(x)$およびpが観測可能です。

● 2つのモデルの特徴

図7では、母集団全体のモデルとして標準正規分布$N(0,1)$を想定した場合の2つのモデルを図示しています。**図7**（a）は、選択モデルでの観測確率を$h(x) = 1 - \Phi(x-1)$としたものです。ここで$\Phi(x-1)$は$N(1,1)$の累積分布関数です。

図7（b）には選択モデルにおける母集団全体での確率密度関数$f(x)$と、観測データの分布$g_1(x) = h(x)f(x)$および欠測データの分布$g_2(x) = (1 - h(x))f(x)$を図示しました。$g_1(x)$と$g_2(x)$は、$f(x)$および$h(x)$の想定から導かれる結果の分布です。

図7（c）はパターン混合モデルの図示で、こちらは最初に$g_1(x)$および$g_2(x)$をそれぞれ$N(-0.5,1)$および$N(1,1)$の確率密度関数と設定し、観測率を$p = 0.7$としました。この場合は母集団全体での分布$f(x)$が$g_1(x)$と$g_2(x)$およびpから導かれる結果の分布です（$h(x)$もこれらから導かれます）。

これら2つのモデルでは、欠測になって得られないデータに関して仮定すべき条件が異なります。分析の目的が全データの分布$f(x)$であるとすると、選択モデルでは観測確率$h(x)$の仮定が必要で、パターン混合モデルでは欠測データの分布$g_2(x)$の仮定が必要となります。どちらのモデルがよいという訳ではなく、どちらに関する情報が得られやすいかで判断します。

欠測データに関する情報は何もない訳ですから、本章の最初に述べたように、当初欠測となったデータを再度得る努力が必要となり、その情報に加え、当該現象に関するそれまでの知見を活かすことによって何が可能であるかを吟味しなくてはいけません。

いずれにせよ、**どのような情報が不足しているかを明示的に示すことは有用です。**

(a) 観測確率 $h(x)$

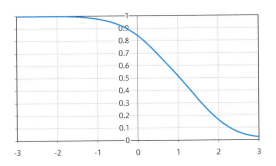

(b) 選択モデル

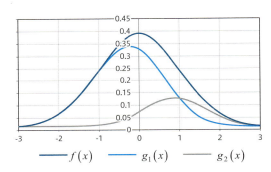

(c) パターン混合モデル

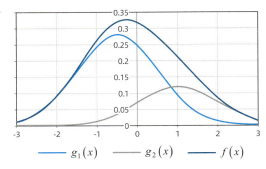

図7 選択モデルとパターン混合モデル

9.4.2 多重代入法

欠測箇所に1つの値のみを代入する単一代入法では、擬似的な完全データセットからのパラメータの点推定値は求められるものの、**9.3**で述べたように、欠測に伴う情報の損失が必ずしも適切に評価できません。それを評価する1つの方法が、**多重代入法**（multiple imputation）です。多重補完法とも呼ばれます。

多重代入法は、次の3つのステップからなります。

(1) 欠測箇所に M 個の異なる値を代入し、異なる M 個の擬似的な完全データセットを生成する

(2) M 個の擬似的な完全データセットのそれぞれに対して通常の完全データセット用の手法を適用して解析結果を得る

(3) 上記（2）で得られた M 種類の解析結果を統合して妥当な統計的解析を行う

上記（2）の M として、当初は5程度で十分であるとされていましたが、コンピュータが高速化された現在では、値をかなり大きくすることも可能となっています。複雑な数学的な計算を必要とせず、コンピュータ・シミュレーションに基づくわかりやすい計算に基礎を置くところに特徴があるといえます。

なお、多くの場合、欠測メカニズムとしてMCARあるいはMARが仮定されます。また、欠測パターンが単調でないときは計算量が膨大となるため、計算量を減らす工夫が必要となります。

● 多重代入法における代入値の生成法

欠測箇所に代入する代入値の生成法にはいくつかのものが提案されていますが、ここでは重回帰式による生成法を示します。全部で p 変量のデータのうち第 k 変量の値 x_k が欠測となった個体に対し、その代入値 $x_k{}^*$ を生成するとします。欠測パターンが単調の場合には x_k 以前の $k-1$ 個の変数 $x_1, \ldots, x_{k-1}$ を説明変数とし、第 k 変量の値を表す確率変数を X_k として、次式で示す重回帰モデルを当てはめます。

$$X_k = \beta_0 + \beta_1 x_1 + \cdots + \beta_{k-1} x_{k-1} + \varepsilon, \quad \varepsilon \sim N(0, \sigma^2) \tag{5}$$

データの組 $\boldsymbol{x} = (x_1, \ldots, x_{k-1})$ および x_k がすべて得られている個体数を m_k とし、これらから求めた (5) のパラメータ $\boldsymbol{\beta} = (\beta_0, \beta_1, \ldots, \beta_{k-1})$ および σ^2 の推定値を、それぞれ $\boldsymbol{b} = (b_0, b_1, \ldots, b_{k-1})$ および s^2 とします。このとき、これらの標本分布は、

$$\boldsymbol{b} \sim N_k \left(\boldsymbol{\beta}, \sigma^2 \left(X'X \right)^{-1} \right), (m_k - k) s^2 / \sigma^2 \sim \chi^2_{m_k - k} \tag{6}$$

となります。ここで $\chi^2_{m_k - k}$ は自由度 $m_k - k$ のカイ二乗分布を表します。標本分布 (6) は未知パラメータを含みますから、便宜上、$N_k \left(\boldsymbol{b}, s^2 \left(X'X \right)^{-1} \right)$ から乱数を生成し、それを $\boldsymbol{b} = (b_0 *, b_1 *, \ldots, b_{k-1} *)$ とします。また、自由度 $m_k - k$ のカイ二乗分布からの乱数を Y とし、$s^2 * = s^2 Y / (m_k - k)$ と置き、さらに $N(0,1)$ からの乱数を z とします。これらを基にある個体の代入値を、その観測データ $(x_1, \ldots, x_{k-1})$ を用いて、

$$x_k * = b_0 * + b_1 * x_1 + \cdots + b_{k-1} * x_{k-1} + s * z$$

と生成します。

代入法を用いて M 個の擬似的な完全データセットを生成し、各データセットから推測対象であるパラメータ θ の推定値 $\theta_1 *, \ldots, \theta_M *$ およびそれらの標本分散 $U_1, \ldots, U_M$ が得られたとします。これらを統合し、θ の自然な点推定値は次式で示す算術平均で与えられます。

$$\overline{\theta} = \frac{1}{M} \sum_{m=1}^{M} \theta_m *$$

その標本分散 T は、次式で示す**代入内分散**（within-imputation variance）

$$\overline{U} = \frac{1}{M} \sum_{m=1}^{M} U_m$$

と、次式で示す**代入間分散**（between-imputation variance）を用いて、

$$B = \frac{1}{M-1} \sum_{m=1}^{M} (\theta_m{}^* - \bar{\theta})^2$$

次のように計算されます。

$$T = \bar{U} + \left(1 + \frac{1}{M}\right) B$$

このときθがスカラーパラメータであれば、$(\bar{\theta} - \theta)/\sqrt{T}$ は近似的に自由度νのt分布に従うことが示されます。ここで自由度νは、

$$\nu = (M-1)\left(1 + \frac{1}{r}\right)^2 \tag{7}$$

によって与えられます。また、rは代入間分散と代入内分散の比により次式で定義される値です。

$$r = \left(1 + \frac{1}{M}\right) \frac{B}{\bar{U}}$$

rはまた、γを欠測によって失われるθに関する情報量としたときのオッズ$\gamma/(1-\gamma)$の推定値になっています。

完全データの個数mがあまり多くないときには、(7) の自由度νは大きめの値となるので、$\xi = \dfrac{m+1}{m+3} m(1-r)$とし、$\nu^* = 1/\left(\dfrac{1}{\nu} + \dfrac{1}{\xi}\right)$とすることが提案されています。

● 多重代入法の使用例

例として、 表1 (b) の欠測を含むデータに多重代入法を当てはめてみます。 表11 は、欠測のあるデータ、回帰代入したデータおよび回帰モデルを用いた前述の方法により生成した $M = 5$個の擬似完全データセット（MI1 – MI5）です。推定すべきパラメータを「収入」の平均μとしますと、欠測部分を無視したCC解析での値は657.1、回帰代入した値は732.8であり、多重代入法による推定値は、

$$\hat{\mu} = \frac{1}{5}(715.2 + \cdots + 664.6) = 711.6$$

となります。標本平均の分散はデータから求めた標本分散を観測値数で割ったものですので、代入内分散は、

$$\bar{U} = \frac{1}{5}(48328.8 + \cdots + 31912.9)\,/\,10 = 8994.9$$

となります。また、代入間分散は $B = 1449.5$ と計算され、これらより標本平均の分散が次式のように求められます。

$$T = 8994.9 + \left(1 + \frac{1}{5}\right) \times 1449.5 = 6236.8$$

標準誤差は $\sqrt{6236.8} = 78.97$ となりますので、これを用いて検定の実行や信頼区間の構成ができます。

表11 単純代入法と多重代入法

MISSING	年齢	収入	回帰代入	MI1	MI2	MI3	MI4	MI5
ID01	25	400	400	400	400	400	400	400
ID02	28	500	500	500	500	500	500	500
ID03	30	600	600	600	600	600	600	600
ID04	32	900	900	900	900	900	900	900
ID05	40	600	600	600	600	600	600	600
ID06	45	900	900	900	900	900	900	900
ID07	48	700	700	700	700	700	700	700
ID08	53	?	876.1	964.4	833.8	914.4	977.7	641.5
ID09	56	?	913.5	549.1	966.7	444.3	739.2	520.2
ID10	58	?	938.4	1038.5	1154.4	868.2	1084.3	884.4
平均	41.5	657.1	732.8	715.2	755.5	682.7	740.1	664.6
標準偏差	12.2	190.2	198.0	219.8	234.5	201.8	221.2	178.6
分散	149.8	36190.5	39186.1	48328.8	54974.1	40739.4	48916.9	31912.9

CHAPTER
10

機械学習のエッセンス

第10章の内容

　機械学習（machine learning）は、データサイエンスにおけるデータ分析の代表的な方法論として、近年、その重要性をさらに増しつつあります。

　どこまでの手法を機械学習の中に含めるのかには諸説ありますが、線形手法を中心に発展してきたこれまでの多変量データ解析手法に加え、非線形手法を含んだより柔軟な手法が提供され、使いやすいソフトウエアの開発も後押しとなって、様々な分野で実用に供されています。使い方さえ間違えなければ、データに基づく意思決定のための、大変強力なツールとなります。

　本章では、機械学習の個々の手法ではなく、その考え方と**「使い方さえ間違えなければ」**のためのキーポイントを学習します。

10.1 データ分析のおさらい

機械学習ツールを有効に使うためには、これまでの章でも議論してきたデータの取得法とそれに伴うデータ分析、および分析のフェーズを理解していなくてはなりません。簡単におさらいしてみましょう。

10.1.1 データの取得法と近年の傾向

データの取得法は大きく、

- （a）新たにデータを取得する
- （b）既にデータが存在するあるいは自動的に集まってくる

に分類されます。そして（a）に基づく研究は、

- （a_1）実験研究
- （a_2）観察研究
- （a_3）調査

に分類されます。これらによって収集されたデータは、その当初から分析目的や分析手法がはっきりしていることが多いことでしょう。

　一方、近年の特徴として（b）の状況が見られるようになり、これらは最初の段階では必ずしも特定の目的や分析を意図していないことが多いようです。しかしデータが存在する以上、そこからの知識発見や隠れていた情報の抽出が期待されるのは当然でしょう。

10.1.2 データ分析のフェーズと各変量間の関係

データ分析のフェーズは大雑把に、

(i) 現状把握と構造探索

(ii) 予測と判別

(iii) 因果関係の確立

に分けられます。またそれに関連して、データにおける各変量間の関係が

(1) 相関関係

(2) 回帰関係

(3) 因果関係

のいずれであるかの見極めも、データから妥当な結論を導くために必須となります。大まかには、(i) と (1)、(ii) と (2)、(iii) と (3) が対応します。データ分析フェーズの (iii) では (a_1) の実験研究がゴールドスタンダードとされますが、近年では実用上の要請から (a_2) の観察研究での統計的因果推論がホットな話題となっています。

💎 10.1.3　機械学習でデータ分析する際の注意点

　機械学習では、その多くの手法は大量のデータを必要とするので、その適用の対象は (a) の意図を持って集めるデータよりも (b) の既にデータが存在するあるいは自動的に集まってくる、となることが多くあります。そうであっても、(a_1)、(a_2)、(a_3) のそれぞれにおける方法論の習得とその考え方の理解は必要不可欠です。

　また、機械学習の分析目的としては、(i) の現状分析と構造探索と (ii) の予測あるいは判別がほとんどであることも特徴です。**その際、分析対象の変量間の関係が (1) の相関関係あるいは (2) の回帰関係であり、分析の目的は (i) あるいは (ii) であったにもかかわらず、変量間の関係を (3) の因果関係と誤解し、(iii) の因果関係の確立がなされたとしてしまう誤りを犯しがちです。**

10.2 機械学習手法の分類

機械学習手法は大まかに、教師あり学習（supervised learning）と教師なし学習（unsupervised leaning）の手法に分類されます。統計学あるいは行動計量学では、様々な統計分析手法を「外的基準あり」と「外的基準なし」に分類するという便法が取られていますが、それらはここでの教師あり学習と教師なし学習に対応するものです。また近年、ディープラーニング（深層学習）の名を冠したニューラルネットワークの発展が注目されています。

10.2.1 教師あり学習とその特徴

教師あり学習の目的は、主として **10.1** の分類での（ii）の予測あるいは判別です。（iii）の因果関係の確立が企図される場合もありますが、そのためにはいくつかの関門を経なければなりません。

教師あり学習は、分析の目的となる変量 Y があり、それを説明する（多変量の）変量 X を用いて、Y を最もよく表すような関数 $f(X)$ を見つけ出すような手法です。あるいは、入力 X に対し、Y の何らかの意味での最適値を出力するという定式化もなされます。囲碁や将棋などで人工知能（AI）が威力を発揮していますが、これらを、現在の局面 X を入力として最善な一手 (Y) を見出す手法であるとすると、このカテゴリーに含めることができます。

目的となる変量（数式を用いたモデル化では目的変数ともいいました）Y には、**量的**なものと**質的**（カテゴリカル）なものとがあります。また、量的な変数は**連続的**と**離散的**に分けられます。何らかの事象の発生回数などの整数値を取るカウントデータも離散型の量的変数の一種です。また、質的な変数としてはある病気の（あり，なし）という 2 値変数や、（赤，青，黄）などの多値変数があります。

● 量的な目的変数

量的な目的変数としては、例えば (Y_1) 商品の売上高、(Y_2) 病気が治るま

での時間、(Y_3)入学試験の点数、(Y_4)交通事故の件数などがあります。これらのうちY_1とY_2は連続的な変量で、Y_4はカウントです。Y_3は、点数が1点刻みであれば離散的ともいえますが、連続的として扱ったほうが便利でしょう。

量的な目的変数Yの場合には、1変量もしくは多変量の説明変数$\boldsymbol{X}$により、

$$Y = f(\boldsymbol{X}) + \varepsilon \tag{1}$$

とモデル化されます。ここで$f(\boldsymbol{X})$は$\boldsymbol{X}$の何らかの関数で、モデルの主要部分です。そしてεは$f(\boldsymbol{X})$では表現しきれない偶然変動と見なされる変量で、統計的なモデル化では必要不可欠な部分です。特に説明変数がp個の測定項目$\boldsymbol{X} = (X_1, \ldots, X_p)$からなり、(1) のモデルを次式のようにしたのが**線形重回帰モデル**です（**第4章**参照）。

$$Y = \beta_0 + \beta_1 X_1 + \cdots + \beta_p X_p + \varepsilon \tag{2}$$

機械学習では、$f(\boldsymbol{X})$の関数形を (2) のようには明示的には仮定せず、より柔軟でかつ非線形も許容するという手法が多く提案されています。

分析の目的がYの予測の場合には、柔軟なモデルを用いた機械学習が威力を発揮します。予測では、モデル式 (1) の$f(\boldsymbol{X})$が複雑な構造を持つこともあり、また (2) のモデル化であっても、個々の係数$\beta_1, \ldots, \beta_p$の値の吟味は二の次になります。

モデルのよさの基準は予測の正確性です。しかし、個々の説明変数がYに与える影響を評価したい場合や説明変数の値を人為的に変えてYの値を制御したい場合には、個々の係数$\beta_1, \ldots, \beta_p$の吟味と解釈が必要となります。その際には、説明変数$\boldsymbol{X}$と目的変数Yの間の関係が因果関係なのかどうかが問われます。

● 質的な目的変数

質的な（カテゴリカルな）目的変数Zの例としては、(Z_1)病気が治癒（する，しない）、(Z_2)入学試験に合格（する，しない）、(Z_3)患者さんの病名が（風邪，インフルエンザ，その他の疾患）のいずれかへの分類、などが

考えられます。これらに対しても種々の説明変数$\boldsymbol{X}$が想定されます。この場合の分析の目的は、結果のわかっているデータを基に、説明変数$\boldsymbol{X}$から目的変数Zのいずれかのカテゴリーへの帰属を定めるルール（判別ルール）を作ることで、多変量解析の中では**判別分析**と呼ばれるものとなります。

目的変量が2値$\left(A_1, A_2\right)$のカテゴリーの場合、

$$W = g\left(\boldsymbol{X}\right) \tag{3}$$

として、ある定数cに対し$W > c$であればA_1に、$W \le c$であればA_2に属すると判別する、という形を取ります。

特に$\boldsymbol{X} = \left(X_1, \ldots, X_p\right)$として、

$$g\left(\boldsymbol{X}\right) = \gamma_0 + \gamma_1 X_1 + \cdots + \gamma_p X_p \tag{4}$$

としたものを**線形判別関数**といい、$p = P\left(A_1\right)$として、

$$\mathrm{logit}(p) = \log \frac{p}{1-p} = \gamma_0 + \gamma_1 X_1 + \cdots + \gamma_p X_p \tag{5}$$

に基づく分析を**ロジスティック回帰**といいます。

機械学習のアルゴリズムでは、（4）あるいは（5）の右辺の線形式をより柔軟な非線形の関数と見なして分析を行います。

また、ある個体$\boldsymbol{X}^*$に対し、$\boldsymbol{X}^*$と距離が近いものを何個かデータセットの中から選び出し、それらのうちの数の多いほうのカテゴリーに$\boldsymbol{X}^*$を判別する**最近隣法**（nearest neighbor method）もよく用いられます。この場合は、「距離」の定義と選び出す個数、およびそのためのアルゴリズムが問題となりますが、検索が高速でできる現在では極めて有力な方法です。

これらの判別ルールのよさの評価は、判別の的中率となります。

10.2.2　教師なし学習とその特徴

教師なし学習では、明示的な目的変数は想定されず、多変量データの簡潔な記述（要約）とグラフ化による現状の把握、およびデータの持つ隠れた構造の探索が分析目的となります。

10.1 の分類での（i）と（1）が主な特徴となりますが、そこから新たな課題あるいは問題の発見につながることも多いでしょう。方法論的には、多変量データの持つ情報の縮約とデータの分類が重要です。

● 情報の縮約と図示

現在では、ビッグデータの名の示す通り、データの種類も多く、その量も爆発的に大きくなっています。しかし情報技術の飛躍的な進展によってデータの処理時間も短くなり、ごく大量データであってもその分析が身近なものとなってきました。

とはいえ、**多次元のデータはそのままでは解釈も何もできません。データの持つ特徴をなるべく失わないようにして、人間が解釈可能な形に情報を縮約して図示する技術が求められます。**

多変量統計解析の中には**主成分分析**という手法があり、データを縮約する上で大変有効な技法となっています。ただし主成分分析は、各変量の重み付きの和に基づく線形手法です。データの持つ非線形構造を摘出する手法が望まれ、機械学習の中にはその種の手法も組み込まれています。特に、ダイナミックな 3D グラフ表現は、データの持つ隠れた構造を探索する上で、非常に有効な手段となっています。

表1 は (X, Y_1, Y_2) の 3 変量データですが、このような数字の羅列を見ていただけではデータセットの持つ構造が把握できません。**図1** は (X, Y_1) および (X, Y_2) をそれぞれプロットした 2 次元の散布図です。

表1 データセット1

X	0.25	-1.71	0.05	0.96	0.32	-1.00	-0.45	0.39	-0.42	0.06
Y1	0.33	-1.50	0.11	0.85	0.45	-0.80	-0.39	0.49	-0.35	0.23
Y2	0.67	0.81	0.48	-0.40	0.96	0.95	0.26	0.85	0.34	1.20
X	-1.63	0.11	-0.81	-0.03	0.82	-0.58	1.42	-0.21	-0.64	1.11
Y1	-1.85	-0.01	-0.90	0.10	0.99	-0.67	1.58	-0.13	-0.58	0.89
Y2	-2.11	-0.75	-0.92	0.85	1.43	-0.84	1.58	0.46	0.16	-1.08

(a) 2次元的 (X, Y_1)

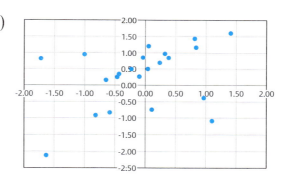

(b) 1次元的 (X, Y_2)

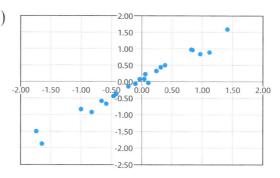

図1 散布図と相関関係

図1 (a) から (X, Y_1) は2次元的、(b) から (X, Y_2) はほぼ1次元的であることがわかります。(a) はこれ以上情報の縮約はできませんが、(b) はほぼ1次元的ですので、その直線方向に情報を縮約してそれが何を表すかの解釈ができます。

図2 は3次元データ (X_1, X_2, X_3) に対し、(a) (X_1, X_2)、(b) (X_1, X_3)、(c) (X_2, X_3) の2次元ごとの散布図です。(a) と (b) では構造が見られませんが (c) では明らかな非線形構造が見られます。

(a) (X_1, X_2)

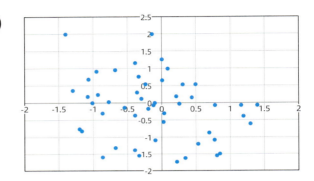

(b) (X_1, X_3)

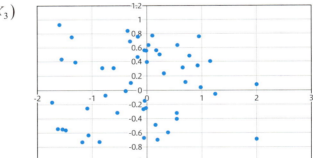

(c) (X_2, X_3)

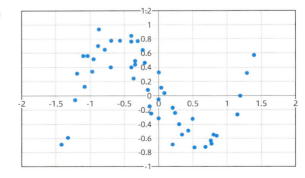

図2 3次元データの散布図

このようにデータをグラフ化し、様々な観点からデータを吟味することは重要で、近年ではこの種のデータの可視化の技術が大いに進展しています。

● クラスター分析

教師なし学習での有効な手段の1つは、**データの分類**（classification）で、**クラスター分析**（cluster analysis）と呼ばれる手法群がその目的のために開発されています。**10.2.1** で述べた判別分析では、データの帰属する群の数もその特徴も既知となっていますが、クラスター分析では群の数もその特徴もデータそのものから決めていきます。

クラスター分析には、**階層型**と**非階層型**の2種類があります。以下、**表2** のデータセットを例に説明します。

表2 データセット2

ID	1	2	3	4	5	6	7	8	9	10
x1	3	3	4	6	5	6	7	6	7	7
x2	4	2	3	8	6	6	8	2	1	3

表1 と同様、**表2** のような数値の羅列ではその構造が把握できません。**図3** が **表2** を基にしたクラスター分析の結果で、（a）が非階層型、（b）が階層型となります。**図3**（a）からは、大きく3つのグループからなることがわかります。

非階層型クラスター分析では**k-means法**が代表的なアルゴリズムです。この方法ではクラスター数をあらかじめ設定し、クラスター間の距離が大きく、クラスター内での個体間距離が小さくなるようにクラスターを構成します。「距離」の定義やクラスター生成の手順によっていくつかの方法が提案されています。事前に設定するクラスター数や初期値の設定に任意性があることから、何回か分析を繰り返してみる必要があります。

図3（b）のような階層型のクラスター分析では、距離の短い個体同士をグループ化することにより、逐次的にクラスターを形成していきます。距離の定義などによっていくつかの手法が提案されていますが、ここでは**ウォード法**によって結果を求めています。

(a) 非階層型

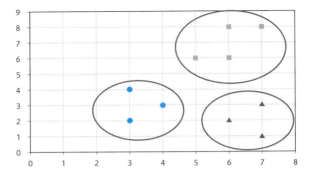

(b) 階層型

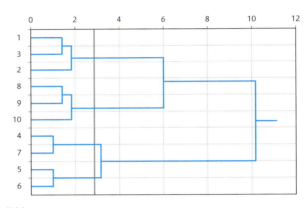

図3 クラスター分析

10.2.3　ニューラルネットワークと深層学習

ニューラルネットワークは**神経回路網**とも呼ばれ、人間の脳の機能を模した構造となっています。図4はその大まかな構造を示したもので、**入力層**、**中間層（隠れ層）**、**出力層**からなっています。

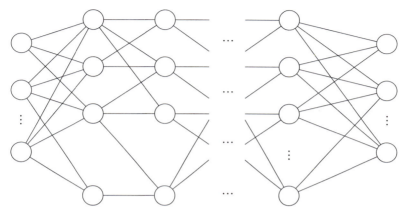

図4 ニューラルネットワーク

図4 の○は**ノード**と呼ばれ、それらが線で結ばれています。初期のニューラルネットワークは計算環境の制約もあり、中間層の数も各層でのノードの数も限られたものでした。しかし近年の計算環境の飛躍的向上により、今では非常に多くの層とノードを設定することが可能となり、それらは**ディープラーニング（深層学習）**と呼ばれています。

ニューラルネットワークは基本的に教師あり学習で、極めて多くの入力信号と出力信号とを用いてネットワークにおける各ノード間のつながりに関する数多くのパラメータの値を定め（これを学習と呼んでいます）、それにより、各入力に対する何らかの意味での最適な結果を出力することができるようになります。

ただし入力と出力を結ぶ中間層の部分はブラックボックスとなっていて、その構造を知ることは現実的に不可能です。**10.1**で述べた分類では、(ii) の予測と判別のための手法と捉えるのがよいでしょう。

10.3 パフォーマンスの評価

データの分析では分析結果を示すだけでなく、その良さの評価が重要です。機械学習手法の有効性はどのように評価したらよいのでしょうか。

10.3.1 機械学習の予測の評価基準

予測や判別のような教師あり学習では、教師信号と機械学習システムから得られた結果との類似性が評価の対象となるでしょう。教師なし学習ではそのような判断はできないので、結果の安定性や解釈可能性が評価基準となります。ここでは教師あり学習で目的変数が連続的な予測を例にとって、その評価法を概観します。

予測では、目的変数 Y と説明変数（ベクトル）X との関係を（1）とモデル化し、データから関数 f の推定関数 $\hat{f}$ を求めて予測値 $\hat{Y} = \hat{f}(X)$ を計算します。説明変数の値が X_0 の個体の目的変数の値の（未知の）期待値を μ_0 とすると、そのときの結果変数は $Y_0 = \mu_0 + \varepsilon_0$ と表されます。Y_0 の予測値を $\hat{Y}_0 = \hat{f}(X_0)$ とすると、

$$
\begin{aligned}
\hat{Y}_0 - Y_0 &= \hat{f}(X_0) - \mu_0 - \varepsilon_0 \\
&= \hat{f}(X_0) - E[\hat{f}(X_0)] + E[\hat{f}(X_0)] - \mu_0 - \varepsilon_0
\end{aligned}
$$

となり、これより予測値と真値との差の2乗の期待値（平均2乗誤差：Mean Square Error = MSE）は、次式となることがわかります。

$$
\begin{aligned}
MSE[\hat{Y}_0] &= E\left[(\hat{Y}_0 - Y_0)^2\right] \\
&= V[\hat{f}(X_0)] + \left\{E[\hat{f}(X_0)] - \mu_0\right\}^2 + V[\varepsilon_0]
\end{aligned}
\tag{6}
$$

10.3.2 偏りと分散のトレードオフ

　平均2乗誤差の式（6）の右辺の3つの項は、それぞれ「予測値の分散」、「予測値と真値との偏りの2乗」、「誤差分散」を表します。MSEが小さいほど教師あり学習のパフォーマンスがよいことになりますが、そのためには（6）の右辺の3つの項がそれぞれ小さいことが必要となります。

　項の3番目の誤差分散$V[\varepsilon_0]$はデータの持つ本質的なばらつきを表していて、これを小さくすることはできないことから、予測におけるMSEの最小値を与えています。項の1番目の分散と2番目の偏り（の2乗）が共に小さければよいのですが、実はそうなりません。これを**偏りと分散のトレードオフ**（bias-variance trade off）といいます。このことをわかりやすい例で説明しましょう。

　図5は次式で示す真の関係（理論曲線）を想定し、

$$y = 0.2(x-4)^2 + 2 = 5.2 - 1.6x + 0.2x^2$$

そこから得られた誤差を含むデータの散布図です。

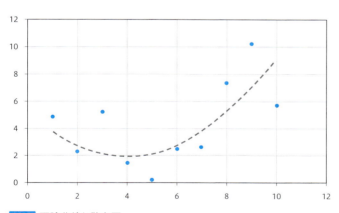

図5 理論曲線と散布図

　図5のデータに対し、0次の曲線（定数）、1次の曲線（直線）、2次、3次、4次、5次のそれぞれの曲線を当てはめた結果が図6です。

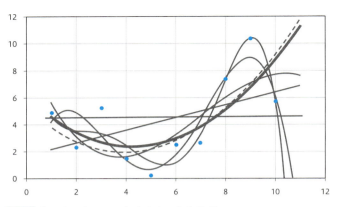

図6 多項式の当てはめ（0次から5次多項式）

0次の曲線（定数）の当てはまりは悪く、多項式の次数を上げるにつれて与えられたデータへの当てはまりはよくなっています。すなわち、次数を上げるごとに（6）の第2項の偏りが小さくなります。しかし、高次の多項式ではデータのばらつきを反映し過ぎていることも見て取れます。同じ理論曲線から得られた別のデータに対する各次数の曲線の当てはめを想像すると、0次の曲線のばらつきが最も小さく、高次の多項式のほうがデータに引きずられて、全く異なる曲線となってしまいます。このことは（6）の第1項の予測値の分散は多項式の次数を上げるごとに大きくなることを意味します。

図5 より、得られたデータは $x = 1$ から $x = 10$ までですが、これらを基に $x = 11$ における y の値を予測すると、高次の多項式では全く意味のない値を予測してしまいます。予測値の分散が大きいことが原因です。

● 過学習と過学習を防止するための手段

図6 によると、（当然ですが）2次の多項式が最も合理的な当てはめ結果を与えていることが見て取れます。**図6** からは、多項式の次数を上げてモデルを複雑にすればするほど、与えられたデータへの当てはまりは一見よくなるように思えますが、無意味な結果を与えかねないということがわかります。このことを**過学習**もしくは**過剰適合**（overfitting）といい、機械学習における大きな問題です。

過学習を防ぐための手立てとして、モデル式を推定するデータと、その

モデルの当てはまりのよさを評価するデータを別にすることが考えられています。前者を**訓練データ**、後者を**検証データ**といいます。すなわち、与えられたデータすべてを使ってモデルの推定を行うのではなく、検証用としてデータをあらかじめ確保しておき、残りのデータでモデルを推定するのです。

どのくらいの割合のデータを検証用とすべきかは全体のデータの量にもよりますが、おおむね1/3程度は検証用に確保しておき、残りの2/3でモデルを推定することが多いようです。

検証用のデータをランダムに選んでモデルの推定と検証を行うという作業を多数回繰り返してモデル推定と検証を行う手順を、**交差検証法**（cross validation）といい、機械学習の世界ではよく行われています。

このように、**機械学習は極めて有力な分析手法です。使い方を間違えなければ、ですが。**

INDEX

数字

2^{p-k}-型計画	190
2^{p}-型完全実施要因計画	189
2^{p}-型計画	189
2因子交互作用	191
2次元正規分布	59
2次元のベータ分布	60
2水準型の直交表	203
2段階法	109
2変量データ	44
5数要約	18

A

AC解析	208
AIC	91
Available-Case 解析	208
AVERAGE（Excel関数）	15, 64, 208

B

Before-Afterデータ	94

C

CC 解析	208
CHINV（Excel関数）	170
Complete-Case解析	208
complete pooling	125
CORREL（Excel関数）	64, 208

E

EMアルゴリズム	164
e-Stat	38

G

Goodman回帰	54

I

ICC	131

K

k-means法	249
KURT（Excel関数）	15

M

Mallowsのc_p	91
MAR	216
MCAR	216
MNAR	216

N

NMAR	216
no pooling	126

P

P因子実験	189
P値	76, 96

Q

QUARTILE（Excel関数）	19

S

SKEW（Excel関数）	15
STDEV（Excel関数）	15, 64, 208

V

VAR（Excel関数）	15

y

y切片	45

い

一部実施要因計画	189
一様分布型	20
入れ子状の構造を持つデータ	124
因果関係	72
因果関係の確立	72
因果効果の確立	73
因子	183

う

ウォード法 249
後ろ向き研究 28
打ち切り 101, 157, 222

え

エコロジカル・インファレンス 57

お

応答 184
応答曲面法 183
オープンデータ 38, 43

か

回帰関係 70
回帰係数 45
回帰効果 101
回帰代入 210
回帰直線 41, 76, 102, 125
回帰直線の傾き 136
回帰の誤謬 135
回帰分析 71
回帰モデル 70
階層型 249
階層構造を持つデータ 122
階層的モデリング 123
カイ二乗統計量 29
カイ二乗分布の再生性 169
過学習 82, 254
確率変数 32
確率密度関数 33, 104, 141, 151
隠れ層 250
過剰適合 254
片側P値 113
片側仮説 112
偏りと分散のトレードオフ 253
カテゴリカル 183
カテゴリカルデータ 26
官能評価 185

き

記述統計 5
基準化偏差 16
偽相関 68

拮抗的 191
帰無仮説 112
帰無仮説の棄却 170
級内相関係数 131
教師あり学習 243
教師なし学習 246
共分散 25
共変量 81

け

経時測定データ 230

く

区間推定 35
クラスター分析 249
クロス集計表 26
訓練データ 255

け

欠測 206
欠測メカニズム 216
欠損 206
決定係数 77, 88
欠落 206
検証データ 255

こ

交互作用モデル 192
交差検証法 255
交絡 198
交絡因子 81
コード化 185
コールドデック法 213
誤差項 191
誤差分散 180
誤差分布 86
故障時間解析 150
個数打ち切り 157
個体の脱落 214
混合効果モデル 123

さ

最近隣法 245

INDEX

最終観測値延長法	230
最小値	18
最大値	18
最尤推定値	160
削除法	220
残差	87
残差平方和	87
散布図	24

し

時間打ち切り	157
自己回帰過程	131
指数分布	154
実験計画法	4, 179
実験研究	183
実現値	32
質的	243
質的な目的変数	244
四分位範囲	18
重回帰分析	227
重回帰モデル	71
集計による誤謬	135
重相関係数	77, 88
自由度調整済み決定係数	88
周辺度数	26
主効果	190
主成分分析	246
出力層	250
寿命データ	150
寿命データの解析	150
瞬間故障率	153
順序統計量	174
条件付き確率	51
初期故障期	153
処置	72
処置群	72
処置効果の推定	106
処置前後データ	94
処置前値によるスクリーニング	98
処理	72
神経回路網	250
深層学習	251
信頼区間	36

す

水準	183

推測統計	6
推定	34
推定可能	198
推定値	35
推定量	35
スクリーニング	100

せ

正規分布	86, 141
正規分布型	20
生存関数	151
生存時間解析	150
正の相関	68
切片および傾き変動モデル	133
切片変動モデル	129
説明変数	63
説明変数の選択	89
線形重回帰モデル	244
線形判別関数	245
選択	101
選択モデル	232
尖度	15, 21
全平方和	87

そ

相関関係	68
相関行列	67
相関係数	25, 44, 64, 67, 69
相乗的	191
層別ランダム化	73

た

第1四分位数	18
第3四分位数	18
第 (j, k) セル度数	26
対応のあるデータ	96
対照群	72
対数尤度関数	160
代入間分散	236
代入内分散	236
タイプ I の打ち切り	157
タイプ II の打ち切り	157
対立仮説	112
多重代入法	213, 235
多重補完法	235

258

脱落 230
単一代入法 213
単回帰分析 57
単回帰モデル 57
単調 214

ち

中央集中型 20
中央値 17, 18
中間層 250
中間変数 79
直交計画 200
直交表 202

て

ディープラーニング 251
定義対比 201
データ解析の流れ 3
データサイエンス 2
データの分類 249
データ分析のフェーズ 241
デザイン行列 199
点推定 35
点推定量 169

と

統計的検定 96
統計的推測 31
統計量 14
同時確率密度関数 175
等密度曲線 102
特性値 184
独立 28
独立性の仮定の下での第 (j, k) セル度数の期
　待値 28
トモグラフィーライン 58
トランケーション 100, 158
ドロップアウト 214

に

二項分布 142
ニューラルネットワーク 250
入力層 250

の

ノード 251

は

箱ひげ図 19
ハザード関数 153
外れ値 19
パターン混合モデル 232
パラメータ 34
判別分析 245

ひ

非入れ子状の構造を持つデータ 124
非階層型 249
比較 72
ヒストグラム 13
標準化変換 23
標準化偏差 16
標準誤差 34
標準偏差 15, 16, 21, 64
標本 31
標本調査法 4
標本分布 32
標本平均 15
秤量計画 182

ふ

負の相関 68
不偏推定量 169
不偏性 169
分解能 202
分割表 27
分散 16
分布関数 151

へ

平均 15, 15, 64
平均2乗誤差 252
平均値代入 210
平均への回帰 101
ベータ関数 143
ベータ二項分布 144
ベータ分布 143
偏回帰係数 71

偏差 16
偏差積和 49
偏差平方和 17
変数変換 22
変量効果モデル 123

ほ

棒グラフ 13
飽和計画 204
補完 210
補完法 220
母集団 31
ホットデック法 213
母平均 15

ま

マージ 5
前向き研究 27
摩耗故障期 153
マルチレベル分析 123
マルチレベルモデル 129

み

未知定数 34

む

無関係 28
無記憶性 155
無作為化 73
無作為抽出 32
無作為標本のヒストグラム 33
無処置群 72
無相関 26

め

メジアン 17

も

モーメント 15
目的変数 63
モデル化 221
モデル化法 220, 221

モデル平方和 87

ゆ

有意水準 76, 113
尤度関数 160
尤度比 171

よ

要約統計量 64

ら

ランダム化 73
ランダム故障期 153
ランダムサンプリング 32

り

離散的 243
両側 P 値 113
両側仮説 112
両極端型 20
量的 243
量的な目的変数 243

る

累積分布関数 104, 151

れ

連続型 183
連続的 243

ろ

ロジスティック回帰 245

わ

歪度 15

著者プロフィール

PROFILE

岩崎 学（いわさき まなぶ）

現　　職：横浜市立大学データサイエンス学部教授（初代学部長）
生年月日：昭和27年（1952年）12月14日 静岡県浜松市生まれ
専門領域：統計的データ解析の理論と応用

●学歴・学位
昭和50年（1975年）3月：東京理科大学理学部応用数学科卒業
昭和52年（1977年）3月：東京理科大学大学院理学研究科数学専攻修士課程修了
昭和63年（1988年）3月：理学博士

●職歴
昭和52年（1977年）4月：茨城大学工学部情報工学科　助手
昭和59年（1984年）4月：防衛大学校数学物理学教室　講師
昭和62年（1987年）10月：同　助教授
平成 5年（1993年）4月：成蹊大学工学部経営工学科　助教授
平成 9年（1997年）4月：成蹊大学理工学部情報科学科　教授
平成30年（2018年）4月：横浜市立大学データサイエンス学部　教授（学部長）
現在に至る

●役職など
内閣府、総務省、厚生労働省、文部科学省、消費者庁、医薬品医療機器総合機構などの専門委員
を歴任。統計関連学会連合理事長、日本統計学会会長・理事長、応用統計学会会長をはじめとす
る統計関連諸学会の理事、評議員、編集委員などを多く務める。

●著書など
「統計的因果推論」（朝倉書店）、「カウントデータの統計解析」（朝倉書店）、「不完全データの統
計解析」（エコノミスト社）など多数。

装丁・本文デザイン	大下 賢一郎
装丁イラスト	平尾 直子
DTP	株式会社シンクス

事例で学ぶ!
あたらしいデータサイエンスの教科書

2019年12月17日　初版第1刷発行

著　者	岩崎 学(いわさき まなぶ)
発行人	佐々木幹夫
発行所	株式会社翔泳社(https://www.shoeisha.co.jp)
印刷・製本	日経印刷株式会社

©2019 Manabu Iwasaki

※本書は著作権法上の保護を受けています。本書の一部または全部について(ソフトウェアおよびプログラムを含む)、株式会社 翔泳社から文書による許諾を得ずに、いかなる方法においても無断で複写、複製することは禁じられています。
※本書へのお問い合わせについては、iiページに記載の内容をお読みください。
※落丁・乱丁の場合はお取替えいたします。03-5362-3705までご連絡ください。

ISBN978-4-7981-5822-8　Printed in Japan